어쩌다 보니
지구 반대편

10만 원으로 시작한 31개국 366일간의 세계일주

어쩌다 보니
지구 반대편

최신
개정판

오기범 지음

포스트락
POST樂

목 차

INDIA
인도

NEPAL
네팔

MEXICO
멕시코

UNITED STATES OF AMERICA
미국

CANADA
캐나다

에필로그

프롤로그

001   **제주도에서 세계일주를 꿈꾸다**

    살랑살랑 봄바람이 부는 5월의 어느 날이었다. 가슴속에 부는 바람을 따라 떠난 곳은 제주도였다. 스쿠터를 한 대 빌려 해안도로를 달리며 푸른 바다를 마음껏 마주했다. 숲길을 따라 달리다 보면 여기저기 솟아 있는 오름이 발길을 이끌었다. 김영갑 작가가 생전에 그토록 사랑하고 아꼈던 용눈이오름은 부드러운 곡선으로 포근함을 느끼게 했다. 발걸음을 옮겨 정상에 서니 성산일출봉과 우도가 한 눈에 들어와 선물 같은 풍경을 만날 수 있었다. 감탄사를 내지르다가 내친김에 근처에 있는 다랑쉬오름까지 가보고 싶었다. 하얀 스쿠터는 좁은 도로를 느릿한 속도로 미끄러져갔다. 그러다가 운명적인 길을 만나고 말았다. 저 멀리까지 일자로 쭉 뻗은 다랑쉬북로였다. 스쿠터를 한쪽에 세워두고 그 자리에 털썩 앉아버렸다.

오름 사이의 시골길이어서 그랬을 거다. 지금 이 순간의 평화로움을 방해할 차가 한 대도 보이지 않았다. 따사로운 햇살과 기분 좋을 만큼의 바람이 머무는 시골길에 앉아있는 것만으로도 미소가 지어졌다. 두근두근 심장이 뛰는 것 같기도 하고, 느릿한 호흡이 빨라지는 것 같기도 했다. 이 공간에서 오롯이 행복한 순간이라고 정의하고 싶은 시간이었다.

여행을 마치고 몸은 원래 내가 살던 곳에 잘 돌아왔지만 마음만은 아직 그 길에 머물러 있었다. 그날 밤 쉽게 잠을 이룰 수가 없었다. 그 길에서 불기 시작한 바람이 가슴속을 가득 채워버렸기 때문이었다. 마음이 싱숭생숭해서 자꾸 뒤척이다 보니 문득 스쳐 가는 무엇인가가 있었다. 머릿속에 슬며시 찾아와 떠나지 않은 그것은 바로 '세계일주'라는 네 글자였다. 선생님이 되고 싶은 꿈과 함께 마음속에서 막연하게 그려왔던 또 하나의 꿈이 지금 이 순간 다시 내게 찾아온 것이었다. '에이 말도 안 돼!'라는 생각과 '어쩌면 갈 수 있지 않을까?' 하는 생각이 수없이 교차했다. 이런 저런 생각들이 꼬리에 꼬리를 물고 밀려들었다. 자꾸만 정체 모를 헛웃음이 났다. 뜬눈으로 밤을 새우고 날이 밝아올 무렵 내린 결론은 하나였다. 뭔가 재밌는 그림이 그려질 것 같았다.

마음 깊은 곳에 숨겨두었던 새하얀 스케치북을 펼쳐보았다. 이곳에 어떤 스케치를 하고 무슨 색깔을 채워 세계일주의 그림을 완성할 수 있을까?

'네팔 히말라야 산맥에서 트래킹하는 그림을 그렸다.'

'파키스탄 훈자에서 사람들과 미소를 나누는 그림을 그렸다.'

'탄자니아 세렝게티에서 야생동물을 보며 환호성을 내지르는 그림을 그렸다.'

'볼리비아 우유니소금사막에서 멋지게 점프샷을 하는 그림을 그렸다.'

'페루 마추픽추 정상에 올라 아스라이 사라져간 잉카문명을 떠올리는 그림을 그렸다.'

설레고 흥분되는 수많은 그림을 그리고 있었다. 하지만 어디까지나 꿈이었다. 지도를 펼쳐 놓고 여기저기를 찾아보며 다시 상상을 해 봐도 여전히 그것은 막연한 꿈에 불과했다. 어떻게 그 꿈을 현실로 실현할 수 있을까? 정해진 것은 아무것도 없었다. 그저 떠나고 싶다는, 떠나야겠다는 생각에 머무르고 있는 것이 현재 상황이었다. 깊은 숨을 몰아쉬고, 마음을 진정시켜야만 했다.

지금, 일상에 주어진 것들을 모두 뿌리치고 여행을 떠나는 것은 옳은 선택일까? 한동안 여러 생각에 잠겨 있다가 가슴에 손을 얹어보았다. 더 이상 머리로만 판단할 문제가 아니었다. 지금까지 살아오면서 이 정도로 뜨겁게 심장이 뛰고 있는 것을 느낀 적이 있었던가. 이번에야말로 마음이 원하는 목소리에 귀를 기울일 때였다. 한 가지 확실한 것은 세계일주를 떠나는 것은 분명 후회하지 않을 선택이라는 것이었다.

내게 주어진 삶에서 90세까지 살든 100세까지 살든 언젠가는 이 세상을 떠날 거라고 본다면 그때 과연 무엇이 가장 후회될까 생각을 해 봤다.

'살면서 왜 돈을 더 모으지 않았을까…'

'살면서 왜 더 일을 열심히 하지 않았을까…'

인생의 마지막 순간에 이런 질문들을 던질 때마다 그런 걸로 후회가 되지는 않을 것 같았다.

'그때 왜 세계일주를 떠나지 않았을까…'

그런데 이 질문을 던지는 순간, 정신이 확 들었다. 이건 정말 후회될 것 같았다. '인생을 좀 더 즐기지 그랬어.', '어이구 그래도 세계일주는 했어야지.' 스스로에게 이런 말을 할 것만 같았다. 내게 주어진 한 번뿐인 인생인데, 진짜로 원하는 꿈이 있다면 도전은 해 봐야 하는 것이 아닌가. 뻔히 후회할 것 같다면 후회하지 않을 선택을 해야만 한다. 그 선택은 꿈을 이루기 위해서 세계일주를 떠나는 것이다. 이제 더 이상의 고민은 필요치 않았다. 막연한 꿈에서 구체적인 현실로 받아들일 준비가 된 것이다.

세계일주를 떠나기 위해서 가장 필요한 것은 무엇일까?

'용기'

떠날 수 있는 용기와, 내려놓을 수 있는 용기가 필요하다. 몇 번의 배낭여행은 장기 여행을 떠나기 위한 훌륭한 밑거름이 되었다. 낯선 세계를 어느 정도 맛을 봤기 때문에 두려움은 크지 않았다. 그리고 떠나지 않으면 안 될 것 같은 강렬한 끌림은 과감한 결정을 하는 데 불을 지피고 있었기에 떠날 수 있는 용기는 충분했다. 그렇지만 대한민국에서 살고 있는 30대 평범한 사람에게 지워진 책임감과 의무감을 내려놓아야만 했다. 지금까지 쌓아왔던 관계나 준비했던 모든 것도 일단 멈춰야만 했다. 지금 주어진 것들을 쥐고 있으면 결코 새로운 것을 잡을 수 없기에 내려놓을 수 있는 용기가 꼭 필요했다.

'시간'

여행을 떠나기 위해서는 시간이 필요하다. 세계일주 기간을 정확하게 규정할 수는 없다. 다만 나눠서 가는 것이 아니라면 대개 6개월 이상은 잡아야 한다. 내가 생각하는 루트로 여행을 한다면 최소 1년은 필요했다. 우리 인생에서 여행을 위한 충분한 시간은 주어지지 않는다. 무엇인가를 감수하고 여행을 떠날 수 있는 시간을 마련해야만 하다. 새로운 도전을 하기 위해 삼십 대의 나이는 충분히 젊다. 시간이라는 글자에 진하게 동그라미를 쳤다.

'돈'

이제 한 가지 조건만 충족시키면 된다. 그것은 바로 돈이다. ATM에 가서 카드를 넣고 잔액 조회를 해봤다. 통장 잔고에는 딱 10만 원이 찍혀 있었다. 나는 그동안 돈을 안 모으고 뭘 했을까? 분명 열심히 벌었는데 그 돈은 다 어디로 간 것일까? 지난 몇 년을 훑어보았다. 돈은 모으지 못하고 애꿎은 나이만 채우고 있었다. 정신이 번쩍 들었다. 내가 지금 무슨 생각을 하고 있는 거지? 세계일주를 하겠다는 놈이 겨우 10만 원밖에 없다니….

집으로 돌아와 깊은 고민에 빠졌다. 세계일주 기간을 1년 정도 잡아보니 최소한 경비가 3천만 원은 필요할 것 같았다. 그런데 내가 갖고 있는 돈은 고작 10만 원. 꿈과 현실 사이에 2,990만 원의 벽이 가로막고 있었다. 막막함이 밀려왔다. 지금부터 2년 정도 미친 듯이 돈을 모은다면 가능하지 않을까? 하지만 목표한 돈을 모은다고 할지라도 2년 뒤에는 지금처럼 떠나겠다는 열망이 강하게 남아 있을지 장담할 수 없는 일이었다. 그렇다면 결론은 하나였다. 어떤 방법을 동원해서라도 최대한 빨리 세계일주를 떠나는 것, 뭔가 파격적인 아이디어가 필요한 시점이었다.

2천만 원을 40으로 나누면 50만 원이다. 한 사람당 50만 원의 후원을 받는 식으로 40명을 모으면 되지 않을까? 피식 웃음이 났다. 무모하다! 이렇게 무모할 수가 있나? 돈을 벌어보니 50만 원은 쉬운 돈이 아니었다. 특히나 월급쟁이들에게는 일정한 소비와 지출이 정해져 있어서 더욱 어려운 일이었다. 이건 민폐다. 정말 말도 안 되는 아이디어였다. 그런데 자꾸만 웃음이 났다. 그러다가 '한번 해보자. 어찌 될지 모르니 한번 시도라도 해 보자.'라는 마음이 들기 시작했다.

다음 날 대학원에 다니던 친구와 점심을 먹기 위해 약속 장소로 갔다.

"나 세계일주 가고 싶어 하는 거 알지?"

"알지!"

"근데 나 돈 없는 것도 알지?"

"잘 알지! 그지잖아."

"맞아. 그래서 내가 한번 후원자를 모아볼라고…."

밥을 먹다가 어제 생각한 후원자에 대한 이야기를 꺼냈다.

"어때? 좀 그렇지? 말이 좀 안 되지?"

"미친 거 아냐? 완전 민폐잖아. 적은 돈도 아닌데 말이지. 근데 왜 그 이야길 나한테 하는 거야?"

역시 눈치가 빠른 친구였다.

"아니 뭐 그렇다고~"

"야! 진짜 말도 안 되는 생각인데 좀 재밌긴 하다. 너 진짜로 추진할 거냐?"

"어 일단 해 볼라고~"

"그래 까짓것 한번 해 봐. 내가 후원자 1번 해줄게."

순간 머리에 뜨거운 바람이 불었다. 가슴은 먹먹하고 뭔가 묘한 기분이었다. 다음 날 새 직장을 알아보고 있는 친구를 만나 같은 이야기를 들려줬다.

"어찌됐든 너는 지금 돈 안 버니까 후원은 하지 마라."

"야! 내가 지금이야 백수지, 언제까지 이러고 있겠냐? 글고 3천 필요하다매. 너 여행 가서 하루 아침에 다 쓰는 거 아니잖여. 나야 뭐 곧 일 시작할 거니까 돈 들어오면 한 달에 10만 원씩 나눠서 보내줄게. 나도 후원자 2번에 넣어라."

이번에는 망치로 머리를 얻어맞은 기분이었다. 세계일주라는 내 꿈에 할부를 넣겠다는 것이었다. 캄캄한 동굴에 빛이 들어오는 것처럼 찌릿한 순간이었다. 나는 왜 그런 생각을 하지 못했을까? 왜 여행을 떠나기 전에 돈을 다 확보해야 한다고만 생각했을까… 1년이라는 여행 기간 안에 나눠서 받아도 되는 것인데 말이다. 여건이 되는 친구는 한방에 보내도 되고, 넉넉하지 않으면 5만원씩 10개월 무이자도 가능한 그림이었다. 이거다. 이거야! 기가 막힌 아이디어를 준 친구 녀석이 그렇게 예뻐 보일 수가 없었다.

기쁜 마음으로 세계일주에 대한 마음을 알고 있던 친구에게 전화를 걸었다. 대뜸 하는 말이 일단 세 명 확보된 거니까 열심히 해보라고 응원을 해줬다. 자세한 이야기를 꺼내기도 전에 후원자로 합류한다는 뜻이었다. 벌써 3명의 후원자를 모은 셈이었다. 시작이 반이라는 말이 딱 들어맞는 상황은 아니었지만 이 기분으로는 충분히 납득이 되는 표현이었다.

해가 바뀌고 서른셋이 되었고, '지금 내게는 무엇이 남아 있나' 하는 생각을 해봤다. 모아 놓은 돈도 없고, 미래를 약속한 사람이 있는 것도 아니었다. 아무것도 없는 그런 상황이었다. 하지만 아직 나에게는 꿈이 남아있었다. 세계일주를 떠나겠다는 꿈, 그리고 다행스럽게도 좋은 사람들이 주변에 남아 있었다. 이제, 그 사람들을 내 꿈을 지지해주고 응원해줄 후원자로 만드는 일이 기다리고 있었다. 그런데 문득 그런 생각이 들었다. 아무리 꿈을 위한 일이지만 후원자들에게 부담을 주는 것은 변함없는 사실이었다. 그렇다면 온전히 후원을 받는 식이 아니라 후원이라는 명목으로 빌리는 것은 어떨까 하는 생각이 들었다. 빌릴 수만 있다면 세계일주를 다녀와서 벌어서 갚는 것도 괜찮은 아이디어일 것 같았다. 이미 후원을 약속해준 친구들에게 전화를 했다.

"야 난데, 그 세계일주 후원 말이다. 그냥 주는 거 말고, 내가 빌리는 걸로 하자. 물론 후원이라는 이름은 그대로 가고 말이지. 나 갚을 수 있어. 그러니까 믿고 후원해주면 내가 세계일주 잘 마치고 돌아와서 갚을게! 그게 마음 편할 거 같아."

다들 괜찮다고, 그 정도는 해줄 수 있다고 이야기 해주는데 목소리가 한결 가벼워진 것을 느낄 수 있었다. 물론 내 마음은 날아갈 듯 더 가벼웠다. 부담을 주는 것에 대한 미안함이 가슴 안쪽에 묵직하게 자리하고 있었기 때문이었다. 그날 이후로 친구들, 지인들, 선후배까지 많은 사람들을 만났다. 후원자를 모으는 과정에서 좋은 사람들을 단 한 명도 잃고 싶지는 않았다. 진심을 담아 꿈을 이야기했고, 갚을 수 있다는 확실한 약속도 했다. 정말 고맙게도 많은 사람들이 자기 대신 다녀와 달라며, 꿈을 응원한다며 후원을 약속해 줬다. 가진 것이 없다고 생각했던가? 난 이미 부자였다. 내게 보여주었던 사람들의 따뜻한 마음과 든든한 응원은 나를 정말 행복하게 했다.

세계일주를 떠나겠다고, 꿈을 이루겠다고 말을 하며 사람들을 만나기 시작한 지 4개월 만에 40명의 후원자를 다 모았다. 그리고 그보다 훨씬 많은 사람들의 지지와 응원을 받았다. 자기가 쓰던 여행 물품을 보내주기도 하고, 응원의 메시지를 전하기도 했다. 고향 친구들은 처음에는 내가 떠나려는 세계일주가 부러웠는데, 이제는 나를 위해 모인 40명의 후원자가 있다는 게 부럽다고 했다. 과연 자신들을 위해 이렇게 도와줄 수 있는 사람이 얼마나 될까 생각해보면서 지나온 삶을 되돌아봤다고도 했다.

정말 정신없는 시간이었다. 지난 몇 개월간 후원자만을 모은 것은 아니었다. 내가 후원자를 통해 확보한 경비는 2천만 원이었다.

그렇다면 내게는 목표한 3천만 원에서 여전히 990만 원이 부족한 상황이었다. 그래서 내 나름대로 경비를 모으기 위해서 아침저녁으로 일을 했다. 꿈을 위해서 즐거운 마음으로 일상에 뛰어든 것이었다.

10만 원에서 시작한 세계일주의 꿈은 4개월 만에 여행 경비 3천만 원을 확보한 현실이 되었다. 마침내 용기, 시간, 돈 세 가지 모두를 준비한 것이다. 이제는 혼자만의 세계일주가 아니었다. 나를 지지해주고 믿어주는 사람들과 함께 가는 큰 그림이었다. 점점 더 세상을 향한 발걸음에 힘이 실리고 있었다.

004   **그래… 가족이니까**

내 나이 서른셋. 대한민국에서 살아가는 한 사람으로서 그리 가볍지만은 않은 나이였다. 그런데 남들은 쌓아가고 채워가는 시기에 모든 것을 정리하고 떠나려 하고 있다. 이런 모습이 어떤 이에겐 멋지게, 어떤 이에겐 부럽게 보일지 모른다. 하지만 가족은 아니다. 가족은 전혀 그렇지 않다. 안정을 추구하며 미래를 준비하는 모습을 원하는 게 어쩌면 당연하다. 하지만 내게는 세계일주의 꿈이 있다. 그래서 오랜 시간 가족 모르게 조용히 준비를 해왔다. 물론 말

을 할 기회도 있었고, 그럴 마음도 있었지만 겁이 났다. 솔직히 두
려웠다.

　반대하는 목소리에 마음이 약해져서 포기할까 봐… 그게 너무
나 두려웠다. 그래서 망설였고 또 미뤘다. 후원자 40명의 마음은 움
직였지만 가족 4명의 마음을 움직일 자신은 없었다. 이유는 간단했
다. 가족이니까! 지금의 모습만 보는 게 아니라 함께 살아온 지금까
지의 나, 함께 살아갈 앞으로의 나를 걱정하고 사랑하는 가족이니
까 그런 것이다.

　후원자를 모아 세계일주를 떠나겠다는 내용을 적어 고향에 편지
를 보냈다. 며칠 후 편지를 받으신 아버지께서 전화를 하셨다. 심하
게 반대하실 거라고 예상은 했지만 직접 목소리를 듣고 나자 마음

은 한없이 무거워졌다. '지금도 눈물 나는데 1년을 어떻게 기다려.'
라고 하시던 어머니께도 역시 죄송한 마음뿐이었다.

어느덧 세계일주 디데이는 10일 앞으로 다가왔다. 얼굴 맞대고
이야기할 자신은 없었지만 더 이상 미룰 수 없었다. 부모님이 계신
곳, 내 고향 남원으로 갔다.

"아버지, 저 왔습니다."

"어 그래 왔냐."

아버지 목소리가 의외로 많이 누그러지셨다. 얼마 전 전화로 호
통을 치시던 목소리는 분명 아니었다. 부엌으로 가니 식탁 위에 빈
틈이 없었다. 내가 좋아하는 제육볶음과 오징어볶음이 함께 올라와
있었다. 갓김치에 고들빼기김치까지 진수성찬이었다.

"엄마, 뭘 이렇게 많이 했어요?"

"아들, 당분간 이 밥 못 먹을 거니까 많이 먹어."

"네…"

막상 그 말을 듣고 나니 목이 메고, 가슴이 먹먹해졌다. 간신히
밥을 먹고 아버지 방으로 갔더니 야구를 보고 계셨다.

"너… 가지 마라…"

"죄송해요… 이번에 안 가면 안 될 것 같아요!"

"너 나이가 몇인데…"

"조심히 다녀올게요."

"야 이놈아… 내가 널 어찌 키웠는데…"

조용히 거실로 나와 가방을 챙겼다. 이별은 환한 아침보단 밤이

나을 거 같았다. 마당으로 나오자 평소에는 방에서 잘 가라 하시며 밖으로 잘 나와 보시지 않으셨던 아버지께서 마당까지 따라 나오셨다. 어머니는 모두에게 확인을 해주듯 큰 소리로 말하셨다.

"아들, 세계일주 잘하고 와~ 건강하게!"

"네~ 잘 다녀오겠습니다. 사랑합니다."

다가가 어머니를 안아드렸다. 그러자 어머니께서 살짝 속삭이셨다.

"얼렁 가서 아버지도 한 번 안아드려."

사실 조금 망설이고 있었는데 용기를 내서 아버지께 달려들어 꽉 안아드렸다.

"아버지, 잘 다녀올게요. 걱정하지 마세요."

"까불지 말고…"

더 이상 아버지는 말을 잇지 못하셨다. 순간 눈물이 핑 돌았다. 말을 끝내지는 않으셨지만 무슨 말을 하시고 싶은지 알 수 있었다. 까불지 말고, 몸 조심히 잘 다녀와라! 분명 그런 말씀을 하려고 하신 거 같았다. 죄송스러운 마음이 커서 무거운 기분을 떨칠 수가 없었다. 그런데 집에서 점점 멀어질수록 자꾸만 아버지의 마지막 말이 귓가에 맴돌았다.

'까불지 말고…'

완강하게 반대를 하시던 아버지께서 결국은 걱정과 응원의 한마디를 그렇게 전하신 거였다. 갑자기 감정이 올라와서 울컥하며 가로등 아래 주저앉고 말았다. 뭐가 그리 슬펐는지 바닥에 앉아 펑펑

울고 말았다. 언제나 나는 아픈 손가락이었다. 빨리 자리 잡은 형님들과 달리 나는 내가 하고 싶은 것을 하며 살았다. 안정보다는 도전이 좋았고, 새로운 것을 위해 많은 시도를 했다. 그러다 보니 부모님 눈에는 언제나 아슬아슬 걱정되는 막내아들로만 살아왔다. 그날 밤 아버지의 따뜻한 한마디에 내가 그저 아픈 손가락이 아니라 사랑받는 새끼손가락이었다는 사실을 깨달았다. 여행을 가서야 느끼게 될 줄 알았던 가족의 관심과 사랑을 세계일주를 준비하면서 이미 알아 버린 것이다. 부디 건강하게 돌아와서 열심히 살아야겠다는 다짐을 하며 발걸음을 옮겼다.

005　　　　　　　　　　　　　　　　　**드디어 세계일주, 다음은 없다**

　　인생이라는 스케치북의 하얀 종이 위에 세계일주라는 스케치를 해 본다. 그리고 조금씩 색을 칠해본다. 하나하나 칠하다 보면 어떤 색깔이든 간에 나만의 특별한 이야기가 담긴 작품이 완성될 것이다. 그렇게 한 장 한 장 넘기며 다양한 그림을 그리며 살아가다 보면 언젠가 인생의 스케치북을 넘기면서 흐뭇한 미소를 지을 수 있지 않을까 하는 생각이 든다.

　　스물두 살, 군대 입대를 7개월 앞두고 아르바이트를 하며 유럽여행을 준비한 적이 있다. 하지만 이래저래 흔들리는 일이 생겨서 여행을 접고 말았다. 가고 싶었던 유럽은 못 가고 바로 군대로 가는 상황에서 스스로를 위로하며 그런 말을 했다. '다음에 가자! 다음에 기회가 있겠지….' 그리고 11년이 흐른 지금까지 유럽 근처에도 가보지 못했다.

도대체 '다음'이라는 것은 언제일까? 우린 왜 항상 '지금'이 아닌 '다음'을 기약할까.

살다 보면 생각보다 기회는 많이 찾아온다. 다만 그 기회를 잡지 않고 보내는 경우가 많다. 나 역시도 세계일주를 꿈꾸면서 이번이 아니면 못 간다는 생각을 계속했다.

여행은 행복한 인생을 살아가는 좋은 방법 중 하나다. 하지만 우리 인생에서 여행을 떠날 수 있는 완벽한 타이밍은 쉽게 오지 않는다. 그래서 계속 망설이거나 다음으로 미루면 안 된다. 언젠가 갈수도 있겠지만 그때의 나는 지금의 내가 아니고, 지금의 상황이 아니기 때문이다. 혼자여도 좋고, 넉넉하지 않아도 좋다. 여행만큼은 '다음은 없다'고 생각하고 떠나보는 거다. 바로 지금!

인도

INDIA

인도를 여행하는 것은
세계를 여행하는 것과 같다

북쪽의 히말라야에서 남쪽의 인도양까지 동쪽의 뱅골만에서 서쪽의
사막까지… 드넓게 펼쳐진 땅에서 인도인들은 각양각색의 모습으로
여행자를 맞이한다. 우리는 그들의 눈에 살고 있는 다양한 신들을 만
나며 또 다른 세상으로 떠나게 된다. 라다크 아이들의 맑고 선한 눈을
바라보며 이방인의 경계심은 녹아내리고, 바라나시의 갠지스강에서
삶과 죽음의 경계를 바라보며 마음은 비워지곤 한다. 누군가에게는
최고의 여행지로, 다른 누군가에게는 최악의 여행지로 기억되는 곳.
그만큼 인상적인 기억을 잔뜩 안겨주는 그곳은 버라이어티 인디아다.

세계일주 첫 도시, 여기는 인도 델리입니다

배낭 두 개를 앞뒤로 멨다. 앞에는 32리터 보조 배낭, 뒤에는 70리터 메인 배낭이었다. 설레는 마음은 가벼웠지만 100리터가 넘는 배낭은 너무나 무거웠다. 며칠 전 배낭을 메고 일어나다가 뒤로 자빠진 기억이 생생했다. 다 비우고 떠난다는 말이 무색할 만큼 배낭 안에는 온갖 짐이 가득했다. 아직까지는 세계일주를 떠난다는 사실이 실감 나지 않았다. 여권과 비행기표를 다시 한번 확인하고 드디어 출국장으로 들어섰다. 시끄러운 엔진 소리가 묵직하게 느껴질 즈음에 비행기가 이륙했고, 푸른 하늘 여기저기 어우러진 하얀 구름이 차분했던 기분을 조금씩 들뜨게 했다. 진짜 가는 건가….

한국을 떠난 지 16시간 만에 중국 광저우를 경유해 델리에 도착했다. 비싸게 주고 빨리 갈 것인가, 저렴하게 천천히 갈 것인가의 고민은 사치였다. 항공권 최저가로 검색해 중국 경유편 비행기를 탔더니 이제야 세계일주의 첫 목적지인 인도에 도착한 것이다. 이미 밤 10시가 넘은 시간이라 델리 중심부로 나가서 숙소를 잡는 것은 무리였다. 아무래도 오늘 밤은 공항에서 보내는 게 나을 듯싶었다. 어쩌다 보니 세계일주 첫날부터 노숙이다. 공항 바닥에서 소리 없이 밀려드는 냉기를 막지 못한 채 침낭 안에서 잠을 청했다. 이제 몇 시간 후에 날이 밝으면 새로운 세상이 펼쳐질 것이다. 나마쓰떼 인디아!

굳은 몸을 간신히 펼치고 여행자 거리 빠하르간지로 가기 위해 택시에 올랐다. 그런데 택시는 엉뚱하게도 한 여행사 앞에 멈춰 섰다. 길을 헤매는 척하던 어수룩한 택시 운전사는 역시나 연기 천재였다. 나를 여행사에 소개해주고 수고비를 받을 생각으로 목적지를 바꾼 것이었다. 이 상황이 당황스럽기도 하고, 살짝 무시당한 기분에 발끈해서 짧은 영어로 소리를 질렀다. 닳고 닳은 택시 운전사와 인도 초짜 여행자의 말다툼으로 여정이 시작된 것이었다. 나를 순진한 호구로 본 게 분명했다. 어느 정도 화를 내고 나니 그제야 분위기를 파악하고 나를 빠하르간지의 구석에 떨궈주었다. 항상 첫 나라 첫 도시에서는 어리바리하게 된다. 여기가 어딘지, 당장 어디로 가야 하는지 머리가 멍하다. 다행스럽게도 거리에서 한국 여행자를 만나 숙소를 소개 받고 체크인을 했다. 본격적인 여행의 시작은 숙소에 짐을 부리고 나서부터이다. 나만의 안락한 공간이 생겼

델리 여행의 시작은 여행자거리 빠하르간지에서부터

다는 안도감, 무거운 짐에서 벗어난 해방감은 마음에는 여유를, 두 다리에는 낯선 거리로 나설 용기를 불어넣어준다.

숙소 앞으로 난 길을 따라가다 보니 뉴델리역이 나왔다. 뉴델리역을 돌아보면서 인도의 첫인상을 강렬하게 받았다. 빤히 나를 쳐다보는 그들의 시선이 부담스럽기도 했고, 처음이라 조심스러운 것도 많았다. 하지만 언제나 그렇듯 시간은 좋은 해결책이다. 델리에서 머무는 시간이 늘어날수록 이곳에 대한 적응력은 높아졌다. 가끔씩 그들과 눈을 마주치며 살짝 웃어주기도 하고, 먼저 '나마스떼'라고 인사를 건네는 것도 즐거운 일이었다. 뉴델리역 산책은 인도의 분위기를 느낄 수 있는 좋은 현장 수업이 된 셈이었다.

역을 돌아 나와서는 큰 시장의 뒷길로 들어섰다. 시장 쪽보다는 확실히 여유로웠다. 그들에게는 일상의 공간이지만 여행자에겐 모험의 영역이었다. 가만히 사람들이 하는 것을 구경하기도 하고, 아까보단 용기를 내서 카메라를 슬쩍 들이대기도 했다. 거리를 서성이며 낯선 세계와 만나는 것은 여행자를 들뜨게 했고, 새로운 세상에 와 있다는 것을 온몸으로 느끼게 해주었다. 델리의 첫날밤은 인도다운 음식을 먹으며 하루를 마무리하고 싶어서 치킨커리와 갈릭난을 시켰다. 혼잡한 밤 풍경을 내려다보며 시원한 맥주 한 모금을 목으로 넘기니 비로소 하루 중 가장 행복한 시간이 찾아왔다. 이 정도면 성공적인 여행의 시작이었다.

002

마날리에서 폭풍 설사를 하다

간밤에 에어컨 바람이 사정없이 몰아치던 야간버스를 타고 15시간을 달려 인도 북부의 마날리로 왔다. 이곳은 델리에 비해 훨씬 선선한 기후여서 휴양지로 유명했다. 그런데 버스에서부터 몸이 좋지 않았다. 몸이 으슬으슬 떨리고 배가 찌른 듯이 아팠다. 아무래도 어제 낮에 델리의 한 사원 근처 노점에서 마신 파인애플셰이크가 문제를 일으킨 듯싶었다. 열대과일이 저렴한 나라여서 과일과 우유를 섞고, 얼음까지 넣어 갈아 만든 저렴한 셰이크가 별미였다. 출처를 알 길이 없는 얼음이 섞여 있어서 함부로 마시면 안 되는 거였는데 결국 배탈이 나고 만 것이었다.

푸른 숲과 시원한 계곡이 있는 마날리는 무척 평화로웠지만 내배 속은 그렇지 못했다. 슬슬 전쟁의 기운이 감돌고 있었다. 숙소에 들어서자마자 화장실로 미친 듯이 달려갔다. 으아악~ 그때부터 폭풍 설사의 시작이었다. 한바탕 일을 치르고 나면 다시 침대로 가서 끙끙 앓았다. 내 몸이 내 말을 듣지 않았다. 아무리 멈추라고 명령을 내려봐야 의미 없는 외침이었다. 침대부터 변기까지 이렇게 멀게 느껴질 줄은 몰랐다. 정말 호되게 인도 신고식을 치르게 된 셈이었다.

꼬박 이틀 동안 시름시름 앓았다. 몸이 안 좋다 보니 불안함도 엄습했다. 이러다가 여행 제대로 못 하는 거 아니야 하는 생각까지 들었다. 그나마 다행이었던 것은 델리에서 함께 온 동행들이 잘 챙겨줘서 조금씩 좋아지고 있다는 것이었다. 특히 인도 지사제는 특효약이었다. 물에 타 먹는 가루약이었는데 2리터 생수병에 넣고 흔들어서 부지런히 마시고 또 마셨다. 정말 효과가 대박이었다. 설사가 멈추는가 싶더니 다음 날부터 변비가 시작됐다. 제대로 먹은 것도 없거니와 약이 너무 강했다. 웃어야 할지 울어야 할지 조금은 애매한 기분이었지만 조금씩 몸이 나아지고 있는 것은 확실했다.

여름이 끝나가는 마날리에는 상쾌한 바람이 가득했다. 조금만 걸어가면 계곡물이 시원하게 쏟아져 내렸고, 고개를 돌리면 푸른 숲이 마음을 편안하게 해줬다. 그야말로 힐링이 되는 그런 곳이었다. 마을을 거닐다가 만나는 아이들은 밝은 미소로 낯선 여행자를 반겨주었다. 경계심이 없는 따뜻한 눈빛을 느낄 때면 감사한 마음까지 들었다. 이곳의 좋은 기운 때문이었는지 몸도 마음도 가벼워지고 있었다. 이제 마날리보다 더 북쪽에 있는 라다크 지방의 레로 떠나는 여정이 기다리고 있다. 길도 열악하고 교통편도 여의찮아 여행자들은 서너 명씩 그룹을 만들어 지프를 타고 이동하는 경우가 많았다. 가는 길이 너무 험하고, 해발 5천 미터를 넘나들기 때문에 고산병까지 대비해야 가능한 도전이었다. 필요한 것은 고산병약과 버틸 수 있는 체력 그리고 즐길 수 있는 마음이다. 운 좋게 1박 2일 여정을 함께할 동행까지 있다면 이제 하늘길로 떠날 수 있는 모든 준비가 된 것이다.

마날리에서는 거대한 나무로 가득한 평화로운 숲을 쉽게 만날 수 있다

　　험하기로 유명한 레까지 가는 길은 그 거리가 474km이다. 우리나라로 치면 진도에서 강화도까지의 거리 정도다. 자동차로 서해안 고속도로를 타고 5시간 정도를 달리면 도달할 수 있는 거리다. 그런데 이곳은 도로 사정도 열악하고 곳곳에 낭떠러지가 펼쳐진 위험한 길이다. 그러다 보니 주로 낮 시간대에만 이동하면서 1박 2일 여정으로 가는 경우가 많다. 엉덩이에 굉장한 인내심이 요구되는 구간인 셈이다. 고생할 것을 알면서도 이 길을 갈 수밖에 없는 이유는 이곳이 바로 아름다운 하늘길이기 때문이다.

　　드디어 지프에 올랐다. 마을을 벗어나자마자 구불구불 S자의 오르막길을 만났다. 점점 높이 올라갈수록 믿기지 않을 정도로 아름다운 자연 풍경에 압도되고 말았다. 흔들리는 차창 너머 세상을 담고 싶어 쉼 없이 카메라 셔터를 눌러댔다. 마날리를 벗어나 만나게 되는 초반 2시간 정도의 풍경은 정말 인상적이었다. 하지만 좋았던 시간은 점점 멀어지고, 서서히 고도가 높아지면서 산소가 부족해지는 것을 느낄 수 있었다. 동행들도 조금씩 힘들어하는 모습이었다. 이제 눈앞에 펼쳐진 풍경은 점점 황량해졌고, 거친 길을 가다 보니 엉덩이에는 불이 났다. 그리고 조금씩 고산 증세가 모두를 조여 오기 시작했다.

　　타그랑라, 해발 5,328미터에 위치하고 있는 세상에서 자동차로

레로 가는 길에는 그림 같은 풍경이 펼쳐져 있다

세상에서 두 번째로 높은 도로인 해발 5,328m의 타그랑라

갈 수 있는 두 번째로 높은 도로에 다다랐을 때는 머리도 아프고 피부도 엄청 땅겼다. 아무리 강철 체력이라고 해도 5천 미터 이상에서는 버티기 힘들 것 같았다. 나를 비롯한 동행들 모두 지극히 평범한 체력이었기에 이런 게 고산증세구나 하며 서로를 힘겹게 쳐다보기만 했다. 그때였다. 저 멀리서 한 무리의 말이 걸어오고 있었고, 그 옆에는 말 주인이 함께하고 있었다. 인사를 하고 물어보니 집으로 가는 길이라고 했다. 이 높은 길을 넘어 집으로 간다고 하니 뭔가 정겹기도 하고 푸근한 마음에 기분이 전환되었다. 그래, 조금만 더 참아보자.

지프차가 힘겹게 달려가는 길은 숲이었다가, 초원이었다가, 바위산이었다가, 설산이었다가 다시 드넓은 평원이 되었다. 길에서 만나는 대자연은 경이로웠고 아름다웠다. 몸은 힘들었지만 하늘과 맞닿은 길을 달리는 기분은 잊을 수 없을 것 같았다. 길게만 느껴졌던 1박 2일의 시간이 라다크의 심장 레에서 끝이 났다. 험난한 여정을 성공적으로 마무리해준 지프 기사님에게 "땡큐, 베리 땡큐"를 남발하며 드디어 레에 첫 발걸음을 내디뎠다.

3,500미터 높이에 자리하고 있는 레의 풍경은 기이했다. 달의 표면에 오아시스가 있는 듯한 묘한 분위기였다. 샨티스투파에 올라가서 바라보는 풍경은 이채롭기까지 했다. 여기서만 보면 내가 인도에 와 있다고는 생각되지 않을 정도였다. 히말라야의 끝자락에 걸쳐 있는 곳이라서 더욱 그럴 것이다. 사람들의 모습도 델리와는 많이 달랐다. 역사적으로 레는 라다크왕국의 수도였던 곳이라 티베트의 후예들이 살고 있다. 인도 안의 티베트라고 볼 수 있다. 그래서 그런지 다른 여행지와는 확연히 다른 느낌이었다.

라다크왕국의 흔적이 남아 있는 레 왕궁을 거쳐 남걀체모곰파에 올라보았다. 고지대에서 더 높은 곳으로 오르는 일이라 발걸음이 무겁기만 했다. 산소는 부족한데 건조한 바람마저 먼지를 피워 올리며 내딛는 걸음걸음 힘겹게 했다. 드디어 정상에 도착하니 하얀색 건물이 인상적인 곳이었다. 곰파는 티베트 불교 사원이라는 뜻인데 색색의 오방기가 어우러져 아름다웠다. 위에서 내려다보는 세상은 그저 평화롭기만 했다. 불어오는 시원한 바람에 땀이 식었고, 두 눈을 지그시 감으니 지상낙원이 따로 없었다.

느린 걸음으로 곰파를 내려가 마을 길로 접어들었다. 골목길을 지나다가 초등학교를 발견했다. 높은 담 가운데 살짝 열린 문으로 안을 보니 풀색 교복을 입은 아이들이 신나게 놀고 있었다. 그 모습

레 전경. 왼쪽 산 위에 솟아있는 하얀 건물이 남걀체모곰파

레의 한 초등학교에서 만난 아이들의 눈빛은 착하고 맑았다

이 어쩌나 예쁘던지 문틈으로 카메라를 들어 사진을 찍고 있는데 교장선생님과 눈이 딱 마주치고 말았다. 도망가야 하나 어쩌나 우물쭈물하고 있는데 잰걸음으로 오셔서 갑자기 내 손을 덥석 잡는 것이 아닌가! 놀라서 당황하는 나를 보시며 온화한 미소로 안으로 들어와서 천천히 찍어도 된다고 말씀하셨다. 덕분에 눈이 맑은 아이들을 마음껏 렌즈에 담을 수 있었다. 따뜻한 마음을 느끼는 것만큼 여행자에게 기분 좋은 일은 없을 것이다. 레는 아름다운 풍경과 착한 사람들이 함께하는 아주 특별한 곳이었다.

오늘은 영화 〈세 얼간이〉의 마지막 장면에 나와서 더 유명해진 판공초에 가는 날이다. 레는 지리적 특성상 중국, 파키스탄, 인도의 국경이어서 군사도시라고 해도 무방할 정도로 군사시설이 많다. 따라서 외곽지역으로 나갈 경우 일종의 여행허가증인 퍼밋을 받아야 한다.

판공초로 가는 길에 틱세곰파에 들렀는데 여행 오기 전에 라다크를 소개하는 책에서 많이 보던 랜드마크 같은 곳이었다. 드넓게 펼쳐진 들판을 한눈에 볼 수 있어서 가슴속까지 시원하게 뚫리는 기분이었다. 날씨 운이 좋아서인지 파란 하늘에 하얀 구름까지 어우러져 있어서 사진 찍기에도 딱이었다. 레에서 150km 떨어진 판공초까지 가는 길은 정말 아름다웠다. 다만 5,300미터가 넘는 고개인 창라를 넘어야 하는 수고를 해야 했다. 이미 타그랑라에서 고산증을 제대로 맛을 보긴 했지만 다시 느끼는 어지러움은 여전히 적응하기 힘들었다.

하늘 호수 판공초는 쉽게 갈 수 없지만 오래 기억될 추억을 만들어준다

    비포장도로를 열심히 달려 드디어 4천 미터가 넘는 높이에 자리하고 있는 하늘과 맞닿은 호수 판공초에 도착했다. 하늘빛과 물빛이 맑게 빛나는 천상의 호수 같았다. 고지대여서 그런지 9월의 판공초 바람은 꽤나 차가웠다. 저녁이 되니 어디에 숨어있다 나왔는지 하얀 별들이 검은 하늘을 가득 채웠다. 지금까지 살면서 이렇게 많은 별은 처음 봤다. 높은 곳에서 좀 더 가까이 바라봐서인지 더욱 환하게 빛나고 아름다웠다. 현지인이 운영하는 숙소에서 하룻밤을 묵고 가는 덕분에 수많은 별들을 눈 안에 가득 채울 수 있었다.

저녁 식사를 마치고 나서는 숙소에 딸린 식당에 판공초 영화관을 만들었다. 함께 간 동생이 가져온 노트북과 내가 가져간 외장스피커를 연결하고 영화 〈맘마미아〉를 상영했다. 판공초에 울리는 댄싱퀸은 더욱 달콤하게 들렸다. 주인아주머니와 그녀의 어린 딸까지 함께 흥얼거리며 훈훈한 판공초 영화관의 밤은 그렇게 깊어갔다.

레 도심에서 150km 떨어진 곳에 위치한 틱세곰파

오늘의 시작은 40루피짜리 아메리카노로 시작했다. 고소한 향이 참 좋다. 이곳에선 650원에 진한 커피 한 잔을 마실 수 있는 특권이 주어진다. 레에서의 마지막 날이라 어떻게 보낼까 고민하다가 자전거를 선택했다. 자전거를 빌려 타고 길이 닿는 대로 앞으로 나갔다. 비포장도로는 엉덩이를 춤추게 했고, 고지대이기도 하고 건조한 날씨 때문이었는지 체력은 금방 바닥이 났다. 그러다가 먼지 날리는 들판 한가운데에 있는 학교를 발견했다. 낮은 담 너머로 보니 아이들이 서너 명 정도 있어서 쿠키를 주려고 불렀다. 그런데 잠시후 작은 문이 열리면서 많은 아이들이 얼굴을 내밀었다. 사랑스럽고 귀여운 아이들이었다. 그런데 가져간 쿠키는 겨우 한 봉지였다. 5개 정도 들어있던 건데 아이들이 갑자기 몰려들기 시작했다. 순식간에 10여 명이 넘는 아이들이 문 앞에서 나를 쳐다보고 있었다. 순간 당황스러우면서도 미안한 마음이 들었다. 그냥 인사만 나누고 돌아섰어야 하는데 생각이 짧았다.

"쏘리 쏘리 노 쿠키."

서둘러 그곳을 벗어났다. 잠깐 멍하니 담벼락 뒤에 서 있다가 문득 간식을 좀 사다 주면 어떨까 하는 기분 좋은 생각이 스쳐 갔다. 자전거에 올라 아까 건너온 다리까지 달렸다. 근처엔 메마른 땅뿐이어서 뭘 살 데가 없었다. 30분 정도를 달려 다리를 건너니 작은 구멍가게가 있었다. 눈에 보이는 비스킷을 정신없이 쓸어 담았다. 이 정도면 아이들이 맛은 볼 수 있겠지 하는 행복한 생각을 하며 큰 주머니를 들고 밖으로 나왔다.

다시 30분을 달려 학교에 도착하니 학생들은 다 교실로 들어가고 운동장에는 선생님 두 분만 계셨다. 조심스레 문을 열고 들어가 아이들에게 간식을 주고 싶다고 하니 반가워하시며 교장실로 안내하셨다. 그냥 비스킷만 주고 얼른 떠나려고 했는데 이건 그림이 좀 재밌게 그려지고 있었다. 교장실에서 이런저런 간단한 이야기를 나누다가 짜이 한 잔을 대접하겠다는 호의를 거절할 수 없어 가만 기다리고 있었다. 한 모금 마시고 특유의 저렴한 영어 개그를 날렸다.

"오~ 베리 딜리셔스."

"두유 라이크 밀크티?"

"예스, 벗 디스 이스 낫 밀크티."

"???"

"디스 이스 해피티. 아임 해피 나우."

교장선생님께서 막 웃으셨다. 내 저렴한 개그가 통하는 순간이었다. 차를 마시고 잠시 학교를 둘러보고 있는데 운동장 한가운데 축구공이 있었다. 공만 보면 발동하는 차고 싶은 욕구를 참지 못해 강력한 슈팅을 날렸다. 그런데 축구공이 나가지 않고 발에 박혔다. 바람이 없는 정도가 아니라 아예 터져버린 축구공이었다. 아까 아이들은 이런 공으로 신나게 축구를 했었구나. 체육 선생님이 오시기에 축구공이 이것밖에 없냐고 물었더니 고개를 끄덕이셨다. 축

꾸밈없는 밝은 미소로 낯선 여행자를 반겨주는 아이들

구를 많이 좋아하는 사람으로서 이 상황을 그냥 넘길 수는 없었다. 바로 주머니를 뒤져 마지막 남은 비상금 300루피를 꺼내서 드렸다. 꼭 축구공을 새것으로 바꿔 달라고 하면서 말이다. 그런데 갑자기 선생님께서 "땡큐"를 연발하면서 나를 꽈악 껴안아 주셨다. 대낮에 운동장 가운데서 두 남자가 진하게 포옹하는 장면을 연출하고 만 것이었다. 그리고 저 멀리서 교장선생님께서 흐뭇하게 이 광경을 바라보고 계셨다. 작은 호의에도 고맙게 생각해주셔서 그저 뿌듯했다.

이제 다시 레 중심지로 돌아가야 한다. 너무 행복한 기분에 붕 떴다가 가라앉아서인지 다리에 힘이 풀렸다. 레까지 함께했던 동행이 오후 3시에 스리나가르로 넘어가기에 배웅하려면 서둘러야 했다. 벌써 오후 1시다. 여긴 너무 덥고 건조하다. 가진 물은 조금씩 바닥을 보이는데 갈 길은 멀었다. 하필 남은 7~8km 정도가 계속 오르막길이었다. 계속 타고 가자니 다리에 무리가 올 것이고, 걸어가자니 너무 많은 시간을 필요로 했다.

타다 걷다를 반복하면서 계속 앞으로 나갔다. 체력은 점점 더 바닥으로 내리닫고 있었고 아까부터 조금씩 저려 오던 다리가 심상치 않았다. 오르막길을 느린 속도로 달리며 페달에 힘을 주던 찰나였다. 순간 두 다리의 허벅지에 쥐가 나면서 근육이 마비되어버렸다. 다리가 움직이지 않아서 자전거를 탄 채로 옆길로 쓰러져버렸다. 으악! 살을 파고드는 고통에 비명이 절로 나왔다. 너무 아파서 모래와 개똥으로 가득한 먼지구덩이에서 뒹굴었다. 헬프미를 외쳤지만 길 위에는 나 혼자였다. 손으로 발목을 꺾으며 근육을 풀어보려 했지만 혼자서 풀기가 쉽지 않았다. 10분여가 흘렀고 온몸은 땀과 먼지로 범벅이 됐다. 다행스럽게도 다리를 조금씩 움직이자 근육이 풀리기 시작했다. 정말 지옥 같은 시간이었다.

바닥에 누워서 근육을 계속 풀어야만 했다. 그런데 어디선가 상냥한 목소리가 들렸다. 누워서 하늘만 보고 있던 내 눈에 두 얼굴이 들어왔다.

"아 유 오케이?"

"아임 오케이. 벗 낫 굿."

정신을 차리고 자세히 보니 얼굴이 아리따운 인도 여인들이 날 빤히 내려다보고 있었다. 근처 대학에 다니고 있는 학생들이었다.

손을 내밀어줘서 간신히 몸을 일으켰다. 여전히 다리는 아팠지만 먼지 범벅인 얼굴에는 미소가 번지고 있었다. 분명 조금 전까지는 지옥이었는데 지금 이 순간은 천국이 분명했다. 다행히 기운을 차리고 거지꼴로 3시 정도 숙소에 도착해서 떠나는 동행들을 볼 수 있었다. 꼴이 왜 이러냐고 물었지만 제대로 설명할 기운도 없었다. 오늘 하루 천국과 지옥을 제대로 경험했기에 그저 미소만 흘릴 뿐이었다.

쓰러져서 바라보는 하늘은 무심하게 아름다웠다

오늘은 야간기차를 타고 조드푸르로 가야 한다. 밤늦게 오토릭샤를 혼자 탄다는 것 자체가 두려웠다. 릭샤 운전수가 날 다른 곳으로 데려가면 어떡하지? 혹시 강도로 돌변하면 어떡하지? 시끄럽고 혼란스러운 델리의 밤은 내 의식 속에 두려움을 만들어냈다. 40분 넘게 델리의 밤을 달려 간신히 기차가 출발하는 올드델리역에 도착했다. 낯선 별에 떨어진 아이처럼 수백 명의 인도인 사이로 조심스레 스며들었다. 애써 태연한 척 발걸음을 옮기고 있지만 내 눈빛은 심하게 흔들리고 있었다.

어렵사리 전광판을 발견했다. 내가 타야 할 Mandor Express. 12461 운행 정보를 확인하니 3번 플랫폼이었다. 좀 헤매긴 했지만 다행히 기차를 발견하고 탑승까지 했다. 내 자리는 2등석 칸의 위층 침대였다. 인도 기차는 처음인데 3등석을 탈 용기까지는 없다. 3등석에서 그동안 여행자들이 겪었던 다채로운 에피소드를 나도 만들어볼까 하는 욕심은 진작에 버렸다. 일단 큰 배낭과 보조 배낭을 위층 침대로 올렸다. 같은 객실의 인도 승객들은 침대 위에 배낭을 올리는 나를 의아하게 쳐다봤다. 그도 그럴 것이 잠자는 곳에 배낭을 올리면 잘 공간이 부족해지는 건 예측 가능한 일이었다. 하지만 인도 기차 안에서 도난과 분실이 빈번하다는 사전 정보를 갖고 있었기에 시선을 애써 무시한 채 배낭을 올렸다. 가까스로 내 몸도 올리고 나서 한동안 좁은 2층 침대 위에서 배낭을 부둥켜안은 채 씨름하고 있었다. '너 뭐 하냐?' 이런 이야기가 들리는 것만 같았다. 맞은편 아래 칸의 젊은 인도 커플과 눈이 마주쳤는데 안타까운 표정으로 도움을 주고 싶은 눈치였다. 괜찮으니 배낭을 아래로 내리라는 동작을 취했다. 잠을 자려면 당연히 그래야만 했다. 한참을 고민하다가 배낭을 바닥에 내려놓았다. 애써 아무렇지 않은 척 "땡큐"를 건넸지만 여전히 불안함은 사라지지 않았다. 지금 바로 내려가서 와이어를 꺼내 자물쇠로 묶으면 저들을 못 믿는 것처럼 보이려나? 그래도 내 마음이 안심되는 게 우선 아니야? 그런 사소한 고민을 하면서 침대 위에서 흔들리고 있었다.

밤 10시쯤 기차 전체가 소등되자 조심스럽게 아래로 기어 내려갔다. 손은 눈보다 빠르다. 배낭에서 뭘 꺼내는 척하면서 신속하게 와이어와 자물쇠를 꺼내 기둥에 묶어버렸다. 휴우~ 이제야 안심이 되었다. 화장실에 가서 일을 보는데 그런 생각이 들었다. 똑같구나. 아무렇지 않은 척 여행을 다니고 있지만 사실은 두려움과 불안함을 잔뜩 안고 있는 그저 평범한 여행자에 불과하구나. 그런데 그렇게 인정하고 나니 마음에 평화가 찾아왔다.

세계일주 여행자라고 해서 특별히 대단한 사람이 아니었다. 걱정, 두려움, 불안함, 부정적인 생각 모두를 가진 그런 평범한 사람이라고 인정하니 어떤 강박에서 해방된 느낌이었다. 자신감이 있지만 걱정도 많고, 가지고 있는 용기만큼 두려움도 가진 그런 한 사람일 뿐이다. 이런저런 생각을 하면서 에어컨 바람을 피해 담요 깊숙

정신을 차릴 수 없었던 올드델리역의 밤 풍경

이 몸을 파묻었다. 부스스한 모습으로 눈을 뜨니 맞은편에 있던 커
플이 도착했다고 알려주었다. 고마운 사람들이었다. 어제부터 계
속 챙겨주고 뭔가 해주려고 하는 착한 마음을 가진 사람들이었다.
덕분에 기분 좋게 눈을 뜨고 맨 마지막으로 기차에서 내렸다. 야간
기차가 밤새 달려 도착한 곳은 조드푸르역이었다.

26시간 만에 숙소를 벗어났다. 어제 아침 8시경에 도착해 자고 먹고 쉬고를 반복하며 하루를 보낸 셈이었다. 조드푸르 사람들은 먼저 인사를 건네기도 하고 내가 인사를 하면 반갑게 받아줬는데 그런 분위기가 참 좋았다. 시장에서는 언제나 생동감 있는 사진을 담을 수가 있다. 이때 중요한 것은 용기와 미소다. 거절당할까 봐 주저하고 망설이면 카메라를 쉽게 꺼낼 수 없다. 웃으면서 조심스럽게 물어보면 의외로 좋은 사진을 찍을 수 있었다. 다행스럽게도 이곳은 멋진 피사체로 가득한 인도였다. 그저 지금의 이 기분을 즐기고 싶었지만 그 바람은 그리 오래가지는 않았다.

다섯 명 정도 사람들이 모여있어서 인사를 하고, 이야기를 나누다가 사진을 찍어주었다. 그중 가장 나이 많은 아저씨에게 사진을 확인시켜주며 즐겁게 이야기를 나누는 중이었다. 그 다섯 명 중 한 명이 내 옆에 와 있는 것을 눈치채지 못한 상황이었다. 누군가가 내 왼쪽 엉덩이를 만지며 귓가에 속삭였다.

"Are you lonely?"

으악! 너무 당황해서 뭐라 대꾸하지도 못했다. 동성의 인도 남자에게 추행을 당한 상황이었다. 살면서 처음 당한 일이라 정신이 없어서 멍하니 서 있는데 나이 많은 아저씨께서 그 친구에게 그러면 안 된다고 막 소리를 질렀다. 그러면서 나보고는 대신 미안하다고

51
……

한적한 게스트하우스 옥상에서 바라본 메헤랑가르성

하시면서 가던 길을 가라고 하셨다. 정신없는 상태에서 현장을 벗어났는데 갑자기 화가 막 나기 시작했다. 하지만 이미 상황은 종료된 상태고 다시 돌아가서 멱살을 잡을 수도 없는 노릇이었다. 여행자에게는 어떤 일이든 발생할 수 있다는 사실을 다시 한번 떠올리며 애써 마음을 추슬렀다.

더 걸을 힘이 없어서 오토릭샤를 타고 메헤랑가르성으로 향했다. 성의 입구부터 웅장함과 화려함으로 시선을 끌었다. 한껏 가라앉았던 기분이 조금씩 좋아지고 있었다. 멀리서 보고 예상은 했지만 실제로 보니 더욱 멋진 곳이었다. 성 위에서 바라본 조드푸르는 별칭처럼 블루시티였다. 카스트제도가 사라지고 최상위 브라만 계급만 칠할 수 있었다는 파란색으로 도시 전체를 물들인 것이었다. 탁 트인 풍경에 한참이나 넋을 놓고 있다가 박물관 쪽으로 향했다.

웅장한 건축물과 유물을 보는 것도 재미있지만 이곳에서 만나는 많은 사람들을 보는 것 또한 즐거운 일이었다. 인도 사람들은 한국에서 온 내가 신기하고 반가웠던지 자꾸만 사진을 함께 찍자고 했다. 오가는 웃음 속에서 이 순간이 소중하게 느껴졌다. 나의 마음을 들었다 놨다 하는 것은 오랜 시간 자리를 지키고 있는 저 건물이 아니라 이곳에서 스치며 만나는 사람들이라는 생각이 들었다.

　가벼운 발걸음으로 박물관을 돌아보다가 한쪽에 직원으로 보이는 사람들이 모여 있는 것을 보았다. 구덩이 같은 곳의 뚜껑을 열어 놓고 적당한 거리를 두고 조심스럽게 그 안을 들여다보고 있었다. 무슨 일인지 궁금해서 다가가니 나이가 지긋하신 직원분이 팔로 나를 살짝 제지하면서 조심하라고 이야기했다. 도대체 뭘 보고 이러는지 궁금해 고개를 내밀어 보니 놀랄 만한 존재가 그곳에 있었다. 그 무시무시한 존재는 바로 시커먼 코브라였다. 두 눈으로 살아 있는 코브라를 직접 보니 순간 온몸이 굳어버렸다. TV에서 보던 피리 불면 고개를 내미는 그런 얌전한 녀석이 아니었다. 이 직원들은 도대체 저 코브라가 철제문으로 덮여있던 시멘트 구덩이에 어떻게 들어갔는지 미스터리라고 했다. 역시 인도였다. 동물원도 아닌 박물관에서 살기가 넘치는 야생코브라를 만나게 될 줄은 몰랐다. 예상치 못한 사건의 발생, 이것이 인도 여행의 매력이 아닌가 하는 생각이 들었다.

인도에서 시커먼 야생코브라를 마주친다면 무조건 피해야 산다

　바라나시로 가지 않고 시골 마을인 오르차까지 온 것은 아름다운 사원이 담긴 한 장의 사진 때문이었다. 숙소에 짐을 부리자마자 경치가 좋은 제항기르마할로 향했다. 입장권을 한 번 끊으면 하루에도 몇 번을 왔다 갔다 할 수 있는 점이 좋았다. 멀리서 바라볼 땐 그 웅장함에 감탄이 터져 나왔고, 내부로 들어가니 사원 위에서 바라보는 오르차 풍경에 탄성이 터져 나왔다. 이곳까지 오길 잘했다는 생각이 들었다. 예전에 다녀온 캄보디아 앙코르와트 느낌도 묻어났고, 독특한 건축 양식과 구조는 색다른 매력을 발산하고 있었다. 해 질 녘에 와서 일몰을 봐도 좋겠다는 생각으로 일단 밖으로 빠져나왔다. 다리를 지나가는데 아까 스쳤던 구루 한 명이 그늘에서 곤하게 자고 있었다. 그 모습이 인상적이어서 얼른 카메라를 꺼내 사진을 찍었다. 좀 전에 자기를 찍고 돈을 달라고 하던 게 생각나서 살짝 돈을 두고 갈까 하다가 누가 가져갈지도 모르니 일몰 보러 올 때 줘야지 생각하고 자리를 뜨려던 차였다.

　십 대 중반의 아이들 두 명이 내게 말을 걸었다. 내용인즉슨 내가 사진을 찍었으니 구루에게 돈을 주고 가야 한다는 것이었다. 난 웃으면서 돈을 줘야 한다는 걸 알고 있고, 해 질 녘에 다시 올 거라서 그때 줄 거라고 얘기했다. 그런데 아이들은 당장 돈을 줘야 한다고 계속 시비를 걸어왔다. 돈을 놓아두면 저 녀석들이 잽싸게 가져갈 거라는 걸 짐작할 수 있었다. 오르차의 오후는 작열하는 태양 때문에 뜨겁고 습했다. 슬슬 짜증이 밀려왔지만 애써 누르며 그 자리를 떠났다. 그런데 아이들이 계속 따라오면서 뒤에다 대고 "머니, 머니" 하며 시비조로 툭툭 말을 던졌다. 조금씩 인내심이 한계에 다다르는 것이 느껴졌다. 그런데 이제는 아예 내 앞쪽으로 와서 실실 웃으면서 놀려대는 것이 아닌가. 참을성이 바닥을 치고 분노로 치달아 오르는 것이 느껴졌다.

"야 인마, 빨리 안 꺼져!"

너무 화가 나니까 한국말이 튀어나왔다. 그러자 그 녀석은 "아이 돈트 언더스탠드, 텔 미 잉글리쉬."라며 비아냥거리며 화를 돋우고 말았다. 거기까지였다. 더 이상 감정을 절제할 수 없다는 것을 직감했다.

"이 자식이 아주 뒤질라고 환장을 했구만. 야! 너 이리 와 봐. 이리 와보라고!"

오르차의 거리에서 버럭한 나는 미친 듯이 화를 내고 있었다. 무더운 날씨와 치기 어린 녀석들의 선을 넘는 장난이 감정의 봉인을 풀어버린 것이었다. 정말 아는 욕 모르는 욕 다 동원해서 험악하게 인상을 쓰며 쏟아부었다. 그제야 상황의 심각성을 파악한 녀석들은 안전거리를 확보한 채 작은 목소리로 "쏘리"라고 말했다. 분노의 눈빛으로 한참을 쏘아보다가 숙소로 돌아오니 맥이 탁 풀려버렸다. 뭔가 허탈하고 허무했다. 욕을 한 것도 나고, 그 욕을 알아듣는 것도 나뿐이었다. 내가 지금 여기서 뭐 하고 있는 것인가 싶기도 하고 갑자기 온몸에 힘이 빠졌다. 에어컨이 없는 방이라 푹푹 찌는데도 그대로 쓰러져 잠들어버렸다. 일어나서 찬물로 샤워를 하면서 돌이 켜보니 그렇게까지 할 필요는 없었는데 하는 생각도 들었다.

해 질 녘이 되어서 다시 제항기르마할로 향했다. 다리에는 아까 그 구루가 앉아서 걸어오는 나를 쳐다보고 있었다. 아무 말 없이 다가가 손에 돈을 쥐여줬다. 의아한 표정을 지으며 쳐다보기에 그저 웃으며 자리를 떠났다. 무심한 서쪽 하늘은 붉게 물들기 시작했다. 사원에서 바라보는 붉은 노을은 여전히 아름다웠지만 조금씩 흐려져만 갔다.

여행, 정말 아무도 모른다. 누구를 만나고, 무슨 일이 생길지… 그래서 내일에 대한 기대감으로 계속 이어가는지도 모르겠다. 혼자 인도를 여행하면서 느끼는 복잡한 감정의 흐름은 몇 마디 말로 설명하기 어렵다. 좋은 사람을 만나 훈훈한 분위기 속에 미소를 나눌 때도 있는가 하면 사기를 치거나 바가지를 씌우는 사람들과 거친 분위기 속에 신경전을 펼칠 때도 있다. 그러다 공허한 마음에 노을을 보며 깊은 허무감에 빠지기도 한다. 사원 귀퉁이에 앉아 세상을 붉게 물들이는 해를 멍하니 바라보고 있노라면 수많은 상념은 사라지고 헛헛한 웃음이 난다. 조금 전까지 복잡했던 것들도 다 사라져버렸고 가벼운 미소를 지으며 털고 일어서면 그걸로 됐다. 알 수 없는 여정의 연속이지만 내일은 내일의 여행이 계속 이어질 것이다.

사원 위에서 바라본 오르차

태평하게 낮잠을 자는 구루

건물 옥상에서 소리 없이 흘러가는 갠지스강을 바라보았다. 인
도 이미지의 많은 부분을 담당하고 있는 바라나시. 마음은 이미 다
음 나라인 네팔에 가 있었지만 그래도 바라나시인데 그냥 지나칠
수 없다는 생각이 들었다. 좁은 골목길에는 수많은 상점과 숙소가
빼곡하게 자신의 자리를 채우고 있었다. 그 길에는 인도인들도 많
았지만 여행자들의 수도 못지않았다. 바닥 곳곳에 흩뿌려진 소똥
과 개똥을 피해 걷다 보면 똥의 주인들과 맞닥뜨리게 돼서 놀라기
도 한다. 부산하면서도 조금은 상기된 분위기가 가득한 이 골목을
거닐다 보면 시간 가는 줄도 모를 정도였다. 가고 있는 길이 맞기는
한 것인지, 길을 잃지는 않을는지 그런 생각을 하다 보면 큰길을 만
나 안심하게 된다.

다시 골목길에 들어서서 발길 닿는 대로 다니다 보면 날것 그대
로의 인도 모습을 온전히 느낄 수 있다. 그러다가 시원한 라씨를 파
는 가게에 앉아 달달한 요거트를 한 숟갈 퍼먹으면 기분이 좋아져
지그시 눈을 감게 되는 곳이 바라나시다. 라씨를 먹으며 오후의 여
유로움에 빠져들라치면 좁은 길을 통해 화장터로 향하는 시신을 두
눈으로 마주하게 되기도 한다. 묘한 기분과 호기심에 이끌려 그들
을 따라나서다가 화장터 불길의 열기에 놀라 뒷걸음치기도 했다.
골목을 벗어나 갠지스강이 보이는 가트로 나가면 그들이 만드는 이

채로운 풍경에 입이 떡 벌어진다. 명상을 하는 사람, 축제를 즐기는 사람, 구걸을 하는 사람, 물건을 파는 사람까지 다양한 모습이 한 곳에 그려진다. 가트의 또 다른 모습을 보기 위해서는 보트를 타고 갠지스강으로 가서 바라보는 것도 좋은 선택이다.

아침 일찍 보트투어를 하기 위해 밖으로 나섰다. 보트투어는 갠지스강으로 나가 일출을 보고 가트 몇 군데를 돌며 설명을 듣는 식으로 진행된다. 이른 시간이라 살짝 쌀쌀했지만 조금씩 붉은빛으로 밀려오는 해를 보니 이내 괜찮아졌다. 타오르는 붉은빛이 가슴까지 뚫고 지나갈 것 같았다. 정신없이 눌러대던 셔터도 지금은 멈춰야 할 때다. 카메라 렌즈로 받아들이기에는 벅찬 일출이었다. 잠시 눈을 감고 온몸으로 따사로운 갠지스의 햇살을 받아들였다.

평화로운 기운이 가득한 갠지스 물결 위에서 인증샷을 남기는 시간이었다. 뱃머리에 앉아 인증샷을 남기려고 가볍게 출렁이는 황토빛 물을 바라보고 있었다. 그때였다. 갑자기 물속에서 검은 물체가 후욱 하고 떠올랐다. 저것은 분명 타다가 만 시신의 머리가 분명했다. 시커멓고 동그란 그 형체는 잠시 후 물결을 타고 시야 밖으로 사라졌다. 너무 놀라 소리쳤지만 애써 침착한 척 가슴을 쓸어내렸다.

힌두교도인 인도인들은 죽어서 어머니의 강인 갠지스에 뿌려지는 것을 성스럽게 생각한다. 돈이 있는 사람들은 좋은 땔감을 충분히 써서 화장을 잘 시켜 곱게 뿌려지지만 가난한 사람들은 다르다. 질이 안 좋은 땔감으로 대충 하다 보니 타다 만 시신을 그냥 강에 수장시키고, 가끔은 화장조차 하지 않은 시신을 그대로 갠지스에

바라나시 갠지스강의 다양한 풍경을 볼 수 있는 가트

흘려보내기도 한다. 갠지스에서는 흔히 삶과 죽음에 대해 많은 생각을 하게 된다고 한다.

　네팔에 마음이 가 있어서 흥미를 느끼지 못했던 바라나시는 여행자의 마음을 움직이는 마력을 지닌 곳이었다. 자꾸만 걷게 되고, 바라보게 되고, 생각하게 만드는 그런 곳이었다. 지나간 여정과 삶을 한 번쯤은 돌아보게 되는 그런 시간을 온전히 안겨주는 여행지는 흔치 않다. 갠지스가 안아 흐르는 바라나시야말로 늪과 같은 곳이었다. 처음에는 지저분하고 혼잡한 모습에 정나미가 떨어지다가도 어느 순간 그 안에 녹아들어서 빠져들게 되고 그러다가 헤어 나오기 쉽지 않다고 깨닫는 순간 이미 바라나시를 좋아하게 되어버리는 것이다.

　해 질 녘에 숙소 옥상으로 올라가 갠지스강을 바라보았다. 진득한 아쉬움이 밀려왔다. 이 아쉬움이 언젠가 나를 다시 소똥이 널린 바라나시의 뒷골목으로 이끌 것만 같았다.

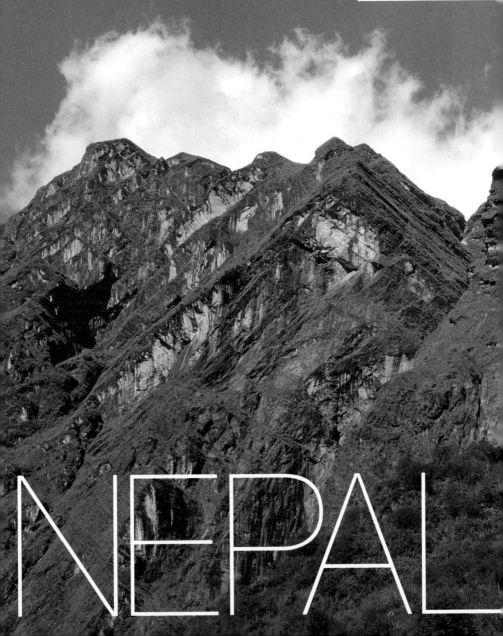

네팔

NEPAL

여행

잘랄루딘 루미

여행은 힘과 사랑을
그대에게 돌려준다.

어디든 갈 곳이 없다면
마음의 길을 따라 걸어가 보라.

그 길은 빛이 쏟아지는 통로처럼
걸음마다 변화하는 세계.

그곳을 여행할 때 그대는 변화하리라.

　　남북이 분단된 우리나라에서 절대 할 수 없는 일이 하나 있다. 그것은 걸어서 국경을 넘는 것이다. 인도 바라나시에서 네팔 포카라까지는 멀고 먼 여정이 기다리고 있었다. 야간기차로 고락푸르까지 이동한 후 버스를 타고 소나울리까지 가서 국경사무소를 통과하면 말 그대로 걸어서 네팔로 넘어가는 것이다. 여권에 인도 출국 스탬프를 찍자마자 곧이어 네팔 입국 스탬프를 찍는 것은 색다른 경험이었다.

　　이제 다시 버스를 타고 히말라야의 시작점인 포카라로 이동해야 한다. 허름한 버스에 올라서니 좁은 좌석이 기다리고 있었다. 여행은 즐거운 거지만 그리 편하지는 않다. 이곳에 몸을 구겨 넣고 밤

지상에서 두 발을 떼는 순간 아름다운 풍경과 시원한 바람이 최고의 순간을 만들어낸다

새 달리면 목적지에 겨우 갈 수 있다. 새벽 4시경에 도착한다는 버스는 예상보다 훨씬 이른 시각인 새벽 1시에 도착했다. 바라나시를 벗어난 지 26시간 만이었다. 일찍 도착해 좁은 버스에서 벗어난 기쁨은 컸지만 숙소 예약도 안 한 상태여서 졸지에 노숙하는 상황이 펼쳐졌다. 포카라의 밤공기는 차고 습했다. 온몸에 한기가 스며들어 버티는 게 쉽지 않았지만 곧 히말라야에 간다는 기대감으로 스스로를 달래며 겨우 아침을 맞이할 수 있었다. 침대에 누웠는지 기절했는지 모르겠지만 따사로운 햇살이 세상을 밝힌 점심때가 되어서야 간신히 눈을 떴다.

히말라야 트레킹으로 유명한 포카라에는 또 하나의 즐길 거리가 있다. 사랑코트라는 전망대가 있는데 그곳에서 패러글라이딩으로 하늘을 날 수 있는 특별한 경험을 할 수가 있다. 혹시 우리나라의 '사랑'이란 말과 관계가 있나 싶어 물어봤는데 그냥 원래부터 이름이 사랑코트라고 했다. 이제 이곳에서 맨몸으로 하늘을 날아보는 모험을 시작하려고 한다. 장비 착용은 생각보다 빨리 끝났다. 나와 함께 하늘을 날게 될 파일럿은 스페인 청년이었다. 자격을 갖춘 서양 친구들이 네팔에서 파일럿 역할을 하고 있었다. 내가 오늘 입고 온 옷은 FC 바르셀로나의 유니폼이었다. 이번 여행을 위해서 특별히 준비한 옷인데 스페인 청년의 고향이 바로 바르셀로나였다. 기분 좋은 조합이었다.

하늘을 날기 위해서는 묵직한 몸을 이끌고 처음에는 걷다가 막 뛰어야 한다. 그렇게 뛰다 보면 어느새 발은 지상에서 떨어져 허공에 헛발질하게 된다. 그 순간 날고 싶은 인간의 꿈이 잠시나마 현실이 되는 것이다. 지금 난 하늘을 향해 뛰는 중이다. 파다다다닥 드디어 발이 땅에서 떨어졌다. 그리고 한없이 하늘로 치솟았다. 우와~ 이런 게 하늘을 나는 느낌이구나. 온몸에 느껴지는 짜릿함 때문에 환호성이 절로 나왔다.

"굿잡! 아유 해피?"

"아임 해피~ 아임 플라잉~"

아름다운 풍경과 시원한 바람이 어우러져 최고의 순간을 만들어 냈다. 파일럿 친구는 현란한 방향 조절로 롤러코스터를 타는 기분을 느끼게 해줬다. 하늘을 나는 기분이 이렇게 좋을 줄은 상상도 못했다. 두려움과 긴장감이 찾아들 겨를이 없었다. 30여 분의 비행시간이 끝나갈 무렵 패러글라이딩의 마지막 하이라이트인 스피닝이 기다리고 있었다. 페와호수 위에서 팽이가 돌듯 돌고 또 돌았다. 끝나는 아쉬움 때문이었는지 그 짧은 순간이 더 짜릿하고 강렬한 느낌이었다. 드넓은 페와호수를 바라보며 안전하게 착지하자 순수한 마음에 가까운 감사함과 행복함이 밀려들었다.

ABC 트레킹 - 히말라야에 있는 안나푸르나 베이스캠프 트레킹의 약자

특별한 아침이다. 고대했던 안나푸르나 트레킹의 첫날이 밝았다. 과연 무사히 다녀올 수 있을까? 나를 비롯해 산을 좋아하는 사람들에게 히말라야는 트레킹의 최종 목적지이다. 아침 일찍 눈을 뜨자마자 페와호수로 나갔다. 날씨만 좋으면 최고의 풍경을 선사하는 곳이었다. 저 멀리 히말라야 설산이 모습을 드러냈다. 이제 저기로 내가 가면 되는 것인가….

미니버스를 타고 1시간을 조금 넘게 달려 나야풀에 도착했다. 트레킹을 함께할 두 명의 포터와 인사를 나눴다. 한 명은 22살의 로비, 한 명은 30살의 쉬바였다. 어감이 참 친근하다. 로비는 우리에게 퍼밋을 달라고 했다. 퍼밋이란 히말라야에 들어갈 수 있는 일종의 허가증이었다. 드디어 발걸음을 내디뎠다. 마을을 벗어날수록 풍경들이 달라지기 시작했다. 녹음이 진하게 어우러진 산이 모습을 드러냈고, 설레는 가슴에 한껏 부채질을 했다. 첫날이라 그런지 모두가 유쾌한 마음으로 신나게 앞으로 나갔다. 산행을 시작하고 6시간 정도 걸려서 오늘의 목적지인 간드룩에 도착했다. 구름에 싸여 아직 보이는 것은 없었지만 왠지 저 멀리 히말라야가 내려다보고 있을 것 같은 생각이 들었다. 오늘의 저녁은 컵라면과 밥이다. 뜨끈

페와호수에서 바라본 히말라야산맥 파노라마

한 국물이 들어가니 몸이 풀린다. 역시 한국인의 보약은 라면 국물이지! 속이 든든해 더욱 평화롭게 느껴지는 간드룩에서 히말라야의 첫날밤을 맞이했다. 침낭 속에 묻혀서 이어폰으로 흘러나오는 김광석의 목소리를 들으며 함께 잠이 들었다.

창으로 스며든 밝은 햇살에 눈을 떴다. 일어나자마자 다리 상태를 확인했다. 다행스럽게도 살짝 당기긴 했지만 이 정도면 괜찮았다. 굳은 몸을 이리저리 비틀며 밖으로 나갔다. 우와! 눈앞에 펼쳐진 풍경에 그저 감탄사를 내뱉을 수밖에 없었다. 단지 문밖으로 나왔을 뿐인데 히말라야는 엄청난 모습으로 눈을 비비게 만들었다. 이게 바로 히말라야의 눈부신 아침이구나!

8시가 한참 넘어서야 짐을 다 꾸리고 둘째 날의 일정을 시작했다. 오늘의 목적지는 촘롱이었다. 산행 중에 계곡이나 강을 만난다는 것은 높이를 바닥까지 찍었다는 것이다. 그렇다면 그곳을 벗어나기 시작하면 끝없는 오르막이 기다리고 있다는 의미였다. 올라가면 내려가고, 내려가면 올라가는 것이 산이 전해주는 간단한 법칙이다. 근육에 조금씩 무리가 오기 시작했지만 이 정도는 해내야지 하는 마음으로 힘을 냈다.

촘롱을 한 시간 정도 남겨두고 쉼터에 도착했다. 그런데 날씨가 심상치 않았다. 계곡 사이로 구름이 무섭게 몰려들었다. 그러더니 갑자기 굵은 빗줄기가 세상을 채우기 시작했다. 쏴와! 졸지에 발이 묶이고 말았다. 이 비를 뚫고 가는 것은 무리였다. 기다림은 참을 수 있었지만 등줄기를 타고 오르는 쌀쌀한 기운은 견디기 힘들었다. 몸이 오들오들 떨리기 시작했다. 한참을 내리는 비를 바라보며 갑자기 찾아든 추위와 싸워야만 했다. 땀을 흘리며 뜨거워졌던 몸이 식어버려서 생긴 뜻밖의 위기였다. 슬슬 비가 가늘어지는 상황에서 더 기다릴 수는 없었다. 배낭은 레인커버로 무장하고 비옷을 입은 채로 길을 나섰다. 한 10분쯤 비를 맞고 가는데 그새 비가 멎기 시작했다.

드디어 촘롱이다. 8시간 걸려서 둘째 날의 코스를 마무리할 수 있었다. 그런데 오늘 묵을 숙소엔 아주 특별한 점이 있었다. 바로 와이파이다! 히말라야의 깊숙한 산골에 와이파이가 터지는 곳이 있을 거라고는 상상도 못했다. 문명의 혜택에 감사하며 가족들과 지인들에게 사진으로 안부를 전했다. 이렇게 틈틈이 여행을 중계하는 것은 내 즐거움이자 작은 의무였다. '잘하고 있어요!'라고 소식을 전하는 것은 사소하지만 중요하고, 평범하지만 특별한 일이었다.

히말라야는 아침마다 맑은 날씨와 거대한 설산으로 인사를 건넸다. 그 인사를 받고 있자니 지금 이 순간에 감사하게 되고, 여기까지 올 수 있음에 또 감사했다. 간단하게 식사를 마치고 길을 나섰다. 이틀을 걷고 나서인지 다리에 통증이 밀려왔다. 촘롱에서 시누와로 가는 길은 역시나 계곡을 건너야 했다. V자 형태로 내려갔다가 올라가는 식이었다. 마의 촘롱 V코스를 아침에 만나는 것은 어쩌면 다행인지도 모르겠다. 계곡을 찍고 올라가다가 학교 가는 네팔 아이들을 만났다. 슬리퍼를 신고 폴짝폴짝 뛰어서 내려오고 있었다. 대단하다! 역시 히말라야의 아이들다웠다.

ABC를 향해 함께 가는 일행들 모두 잘 해주고 있었다. 포카라에서 급히 구성된 4명의 트레커와 2명의 포터는 점점 더 친해지고 하나의 팀처럼 움직이고 있었다. 히말라야롯지에 생각보다 이른 시간에 도착했다. 저녁을 먹고 6명이 모여 이야기꽃을 피웠다. 지친 나른함이 몸에 녹아내려 느슨하고도 편안한 시간이었다. 지금까지 말수가 적고 소극적이었던 포터 쉬바는 게임을 하며 더욱 적극적이고 친근하게 다가오고 있었다. 장난스럽게 서로를 놀리고 추켜세우며 우린 더욱더 친해지고 있는 중이었다. 조금씩 포터와 트레커의 경계가 사라지고 있었다. 이제 우리는 특별한 시간을 공유하는 친구였고, ABC 여정을 함께하는 동료였다.

히말라야에서 맞이하는 특별한 아침

4일째 아침, 속이 좋지 않았다. 사실 처음 출발할 때부터 화장실에 자주 들락거렸다. 나라가 바뀔 때마다 한 번씩 배탈이 나니 아주 미칠 지경이었다. 그것도 하필 ABC트레킹을 시작하는 날에 증상이 심해지니 심적으로도 부담이 됐다. 속이 안 좋으니 오르막길이나 계단에서 발걸음에 힘을 싣는 게 쉽지 않았다. 발에 힘을 꽉 주어야 하니 아랫배에도 힘이 들어가고 이러다가 옷에 지리는 게 아닌가 하는 걱정이 들기도 했다. 다행히 큰 사건 없이 해발 3,200미터 높이에 위치한 데우랄리까지 도착했다. 우리나라에서 가장 높은 백두산이 2,750미터 정도이니까 이미 그 높이를 넘어선 것이었다.

시원하게 펼쳐진 길을 걸으며 김광석의 노래를 흥얼거렸다. 허망하게 가버린 사람들. 더 많은 것을 할 수 있고, 더 많은 사랑을 받을 수 있는 사람들은 왜 그리 서둘러 가버리는 것일까. 세계일주를 떠나기 전에 여행 중에 하고 싶은 것들을 버킷리스트에 적었다. 그 중 한 가지는 안나푸르나에서 박영석 대장님을 추모하는 것이었다. 그리고 여행 중에 불의의 사고로 먼저 하늘로 간 친구에게도 그 마음을 전하고 싶었다.

고도가 높아질수록 점점 더 숨이 가빠오고, 발걸음은 더디게 앞으로 나갔다. 그래도 계속해서 앞으로 가다 보니 3,700미터에 위치한 마차푸체르 베이스캠프에 도착했다. 대개 약자로 MBC라고 부른다. 마차푸체르는 네팔어인데 물고기 꼬리라는 뜻이다. MBC에서의 달콤한 휴식을 마치고 길을 나서니 걸음에 속도가 붙었다. 잠시 후면 안나푸르나가 보이는 ABC에 다다를 수 있다는 생각에 마지막까지 힘찬 발걸음을 내디뎌 결국 오후 3시경에 안나푸르나 베이스캠프에 도착할 수 있었다.

식당에 가서 좀 쉬다가 한쪽 벽에 붙어 있는 사진 한 장을 발견했다. 2011년 10월 사고로 안나푸르나에 잠든 박영석 대장님과 두 대원들의 모습이 담겨 있었다. 한참 사진을 보고 있는데 식당 주인이 다가왔다. 한국인이라고 했더니 그때의 이야기를 들려주었다. 의미 있는 일을 더 많이 할 수 있는 사람들의 존재가 허무하게 사라져버렸을 때 느껴지는 상실감… 그 허망함에 대해 내가 할 수 있는 것은 진심을 담아 추모하는 것뿐이었다.

비가 그치고 밖으로 나갔지만 구름에 가려 안나푸르나는 보이지 않았다. 조금 더 높은 곳에 올라서서 구름 속의 안나푸르나를 생각하니 만감이 교차했다.

"박영석 대장님… 부디 그곳에서 평안하세요~"

소리를 내지르니 뭔가 터져 나온 듯 가슴이 먹먹했다. 멍하니 구름 속의 안나푸르나를 바라보다가 발걸음을 돌려 방으로 돌아왔다. 이미 ABC는 어둠 속에 묻혔고 사람들은 식당에서 이야기와 차를 나누며 여유를 즐기고 있었다. 어느 정도 마음이 진정되고 나서 배낭에서 하모니카를 꺼냈다. 밖으로 나가 마차푸체르를 바라보며 잠시 생각에 잠겼다. 여행 중에 타국에서 허망하게 가버린 친구를 위

72
······
네
팔

해서 추모 연주를 하고 싶었다. 느린 박자의 '아리랑'이 히말라야의 계곡에 조그맣게 울려 퍼졌다. 그리고 '즐거운 나의 집'이 이어졌다. 두 곡 모두 먼저 가버린 그분들을 위해서 바치고 싶은 마음에 열심히 연주했다. 숨이 차서 박자도 안 맞고, 음도 틀렸다. 어설픈 연주에 담긴 추모의 마음이 전해져 부디 그곳에서 모두들 평안하길 바랄 뿐이었다.

안나푸르나 베이스캠프의 밤은 몹시 추웠다. 너무 많은 트레커들과 포터들이 몰리는 바람에 침대와 담요가 부족한 상황이었다. 포터들은 식당에서 모여 잔다고 했고, 침낭이 있는 여행자들은 포터를 위해 담요를 양보했다. 비가 내린 후라서 그런지 더욱 춥게 느껴지는 밤이었다. 난방 시설이 따로 없었기 때문에 외투까지 다 입은 채로 침낭 안에서 체온으로 버텨야만 했다. 다리에 전해지는 근육통과 설산에서 밀려오는 한기를 느끼며 애써 잠을 이루려고 했지만 깊이 잠들 수는 없었다. 그러다가 몸에 신호가 오는 것을 느꼈다. 하필 이럴 때 오줌이 마렵다니. 참아보려 했다. 간신히 체온으로 따뜻하게 만든 침낭 안을 벗어나기 싫었다. 밖은 또 얼마나 추울지 상상조차 하기 싫었다. 하지만 참으려고 할수록 의식은 또렷해지고 신호는 점점 강렬하게 밀려왔다. 정말 나가기 싫은데… 하지만 의지로 해결될 문제가 아니었다. 결국 생리적 현상을 참지 못하고 조심스럽게 침낭 지퍼를 내렸다. 시계를 보니 새벽 1시 30분이었다. 살금살금 걸음을 옮겨 밖으로 나가는 문을 여는 바로 그 순간이었다. 뜨아! 눈앞에 하얀 안나푸르나가 두둥 하고 웅장한 모습을

안나푸르나를 향해 추모의 목소리를 전하다

드러내고 있었다. 바깥으로 나와 보니 온 세상이 환했다. 나를 둘러싼 히말라야산맥들이 달빛을 받아 하얗게 빛을 내고 있었다. 순간 우뚝 솟은 안나푸르나와 병풍처럼 펼쳐진 눈부신 히말라야에 압도되고 말았다. 말없이 그 모습을 바라보는데 발끝부터 소름이 끼치고, 머리까지 쭈뼛 서며 서늘한 감동이 밀려왔다. 주위를 둘러싼 모든 산이 나를 내려다보고 있었고 한없이 작은 나는 그저 경외감을 느끼며 그들을 우러러보았다.

한참을 그러고 나서야 간신히 하늘을 올려다볼 수 있었다. 밝은 달이 세상을 비추고 있었고 여기저기 별들이 흩어져 있었다. 높은 곳에서 보는 별은 이런 느낌일까… 달 주변을 둘러싸고 있는 별들은 정말 컸다. 인도에서 보았던 은하수와 어우러진 깨알 같은 별과는 또 다른 느낌이었다. 큼직한 별들은 달 곁에서도 기죽지 않고 밝게 빛나고 있었다. 고개를 돌려 안나푸르나 봉우리 주변을 봐도 아름다운 별들이 찬란하게 빛을 뿜어내고 있었다. 추운 것도 잊었고, 오줌 마려운 것도 잊었다. 그저 온갖 감탄사를 탄식처럼 내뱉을 뿐이었다. 이 장면을 안 봤으면 어쩔 뻔했어 하는 생각이 들면서 한없이 행복해졌다. 그렇게 30분을 추위에 아랑곳하지 않고 멍하니 밤하늘의 아름다움에 푹 빠져 있었다. 방으로 돌아와서도 한참을 감동에 젖어 잠을 이루지 못했다.

잠깐 눈을 감았다 떴을 때는 새로운 ABC의 아침이 밝아있었다. 일어나자마자 카메라를 챙겨 어제 메아리를 만들었던 곳으로 달려갔다. 지난밤에 보았던 안나푸르나는 더욱 선명하게 그 자태를 뽐내

안나푸르나 트레킹의 친구이자 동료인 로비와 쉬바

고 있었다. 잠시 후 해가 떠올랐고, 안나푸르나 봉우리부터 붉게 물
들기 시작했다. 우뚝 솟은 채로 황금빛으로 변해가는 안나푸르나는
어떤 꾸밈도 필요치 않았다. 그 자체로 감동이었고, 잊지 못할 장면
을 선사했다. 이 순간을 느끼기 위해 히말라야의 품에 안긴 것이구
나 하는 생각에 깊은 울림이 전해져왔다. 안나푸르나의 기운을 받았
으니 남은 여정도 잘 이어갈 수 있을 것 같은 좋은 예감이 들었다.

올라갈 땐 4일이었고, 내려올 땐 3일이었다. 7일간의 ABC 트레킹
은 멋진 팀원들이 없었다면 해내지 못할 도전이었다. 우리들의 길을
안내하고 짐을 맡아준 로비와 쉬바가 있었기에 무사히 다녀올 수 있
었다. 포카라로 돌아와 레스토랑에서 스테이크 파티를 하면서 우리
모두는 멋진 추억을 공유한 친구로 이 시간을 기억하기로 했다.

파키스탄

PAKISTAN

훈자는 그리움이다

따뜻한 짜이 한 잔처럼 달콤하고 향긋한 냄새로 기억되는 파키스탄 사람들
여행자를 바라보는 부드러운 눈빛을 느끼며 긴장과 경계는 허물어져 버린다.
그곳을 떠나 다른 곳에 가서도 계속 그리워하며 후유증에 시달리는 것은
여행자를 친구처럼 생각하는 착한 훈자 사람들 때문일 것이다.
시간이 흘러도 그리워하면서 언젠가 다시 찾겠다는 다짐을 하게 되는 곳.
파키스탄 북부 카라코람산맥에 있는 훈자마을이다.

인도 델리에서 기차를 타고 서부 국경 도시 암리차르로 왔다. 황금사원으로 유명한 곳이어서 늦은 밤 짧게나마 그곳에서 마음을 진정시킬 수 있었다. 낮에 인도 국경사무소에서 출국을 제지당해 억울한 마음에 화를 내고 항의하느라 요동쳤던 마음이 이제야 조금 가라앉았다. 인도에서는 예측할 수 없는 일들을 참 많이도 겪었다. 이제 우여곡절도 많았고, 다양한 감정을 느꼈던 인도와는 진짜 안녕이다.

다음 나라는 여행자들에게조차 낯선 파키스탄이다. 익숙하지 않은 곳으로 간다는 것은 언제나 경계심과 긴장감을 유발한다. 인도 출국 스탬프를 무사히 찍고 국경을 넘는 버스에 올랐다. 얼마 안 가서 버스가 멈추었고 심장이 콩닥콩닥 뛰기 시작했다. 파키스탄에 대한 기대와 걱정 때문에 조금씩 흥분하고 있었다. 배낭을 메고 조금씩 파키스탄 쪽으로 발걸음을 옮겼다. 가장 먼저 우리를 맞이한 것은 파키스탄 군인이었다. 키가 190cm가 넘어 보였고, 검은 선글라스를 낀 모습이 카리스마까지 느껴졌다. 여권을 건네고 다소 떨리는 목소리로 미리 연습했던 파키스탄 인사를 건네 보았다.

"앗살람 알라이쿰!"

"웰컴 투 파키스탄~"

파키스탄 군인은 선글라스를 벗고, 씨익 웃으며 익숙한 영어로 인사를 받아줬다. 덩치 큰 군인의 따뜻한 미소에 하마터면 달려가 안길 뻔했다. 말 한마디까지 배려가 배어있는 아주 괜찮은 친구였다. 그 군인의 친절함은 다른 파키스탄 사람들에게서도 쉽게 찾을 수 있다는 것을 곧 알게 되었다. 인사를 하면 친절하게 받아주었고 먼저 다가와 "웰컴 투 파키스탄"을 외치며 악수를 청하기도 했다. 제대로 뭘 해 보지도 않았는데 벌써 파키스탄이 좋아지고 있었다.

잔디밭에 모여 있는 한 무리의 사람들에게 인사를 건넸더니 반갑게 화답을 해줬다. 그중 나이 많은 분과 이야기를 나눠보니 선생님이셨다.

"저도 한국에서 아이들을 가르치는 선생님이었습니다."

인사치례로 던진 이 말 한마디가 큰일을 만들고야 말았다. 그 선생님은 20여 명의 학생을 이끌고 파키스탄 이곳저곳으로 수학여행을 다니는 중이었다. 오늘은 1,000km를 달려서 국기 하강식을 보러 왔다고 했다. 그분은 이곳에 찾아온 한국 선생님을 만난 것이 좋은 기회라고 생각하셨고 나에게 짧은 강연을 부탁하셨다. 어느새 학생들은 잔뜩 호기심을 안은 채 나를 바라보고 서 있었다. 음… 짧은 영어로 무슨 이야기를 어떻게 끌어나가야 할까? 파키스탄 인사로 첫 말을 시작했다.

"앗살람 알라이쿰! 저는 한국에서 온 오기범이라고 합니다. 한국에서는 고등학생들에게 한국어를 가르쳤습니다. 지금은 세계일주 중입니다. 저는 오늘 인도 국경을 거쳐서 파키스탄으로 왔습니다. 파키스탄 사람들은 매우 친절하고 제게 좋은 인상을 주었습니다.

저는 어제 인도 국경에서 국기 하강식을 보았습니다. 예전에는 사이가 좋지 않았지만 지금 이곳에서만큼은 축제처럼 즐기고 있는 모습이 아주 보기 좋았습니다.

'평화'는 아주 중요합니다. 지금 한국은 남한과 북한으로 분단되어 있습니다. 수십여 년 전 이데올로기와 강대국의 힘 싸움 때문에 전쟁이 벌어졌고 지금까지도 대립하고 있습니다. 저는 언젠가 두 나라가 전쟁을 끝내고, 평화로운 세상을 만들 거라고 믿고 있고, 또 간절히 원하고 있습니다.

앞으로 우리 모두 평화를 위해서 무엇인가를 하며 살아가면 좋겠습니다. 저는 앞으로 파키스탄의 여러 지역을 여행하며 사람들을

뜻밖에 성사된 잔디밭 위의 강연

만나고 이야기하겠습니다. 저는 파키스탄이 좋습니다. 파키스탄 사람들이 저를 친절하고 따뜻하게 맞이해주었으니까요. 슈크리아. 고맙습니다!"

어설픈 영어로 진행된 10분의 잔디밭 강연은 끝이 났다. 영어가 짧아서 중간중간 버벅거리기도 하고 단어가 생각이 안 나 잠깐 멈추기도 했다. 하지만 다행스럽게도 그들은 진지하게 이야기를 들어주었고, 생각지도 못한 '평화'라는 테마로 이야기가 이어져 어느 정도 잘 마무리할 수 있었다. 뜨거운 박수가 이어졌고, 이 우연하고도 특별한 상황이 가져다주는 흥분에 기분이 한껏 달아올랐다.

해 질 무렵이 되자 드디어 국기 하강식이 시작되었다. 어제는 인

국기 하강식에서 인도 군인과 기 싸움을 벌일 파키스탄 군인들

도 쪽에서 관람했고, 오늘은 파키스탄 쪽에서 관람했다. 이곳에 모인 사람들 모두 열광했고, 손뼉을 치며 환호성을 질러댔다. 국경의 긴장감은 없었고, 그저 즐거운 축제였다. 모두들 "파키스탄 진다바드!" 하면서 만세를 외쳤다. 그저 구경꾼이 아니라 축제 참가자로서 함께해주는 우리가 신기하고 고마웠는지 파키스탄 사람들은 많은 관심을 보였다. 하강식이 끝나고 짐을 맡겨둔 호텔로 돌아가는 길은 너무 멀게 느껴질 정도로 많은 사람들과 인사를 나눴다. 이번 만큼은 사진 촬영이 그들의 몫이었다. 순식간에 수십 명과 악수를 하고 사진을 찍다 보니 무슨 연예인이 된 듯한 행복한 착각에 빠졌다. 그들이 친구로 생각해주고 다가와 주는 마음이 정겹고 고맙기만 했다.

현우를 만났다. 인도 바라나시 좁은 뒷골목의 게스트하우스였다. 인상 좋은 친구였는데 인사를 나누고 소개를 하다 보니 이야기가 길어졌다. 오가는 정보 속에 중요한 사실을 알게 됐다. 같은 대학교, 같은 사범대학에 다녔던 후배였던 것이다. 나는 국어교육과를 졸업했고, 현우는 역사교육과를 졸업했다. 몇 년 동생이자 후배를 그곳에서 만날 거라고는 전혀 상상하지 못한 일이었다. 향후 일정을 물어보니 파키스탄에 가보고 싶은데 혼자 가기 꺼려져서 고민이 된다고 했다. 나 역시 현우랑 비슷한 생각을 하고 있었다. 우린 각자 여행을 하고 만나서 파키스탄에 가기로 했다. 그렇게 난 네팔로 여행을 떠났고, 2주 후에 인도의 암리차르에서 다시 만나게 되었다. 그렇게 두 남자의 파키스탄 동행이 시작되었다.

라호르 박물관은 규모는 작지만 석가모니의 고행상이 있어서 유명한 곳이다. 박물관에는 이슬람, 힌두, 불교 등의 유물이 전시되어 있어서 많은 파키스탄 학생들이 관람을 왔다. 숙소에 머물기 좋아하는 일본 여행자 메구미도 함께했기에 오늘은 한국 남자 둘, 일본 처자 한 명이 라호르를 여행하게 되었다. 오토릭샤를 잡아타고 라호르성으로 갔다. 생각보다 볼 게 없는 것 같아 약간 실망했는데 그 빈틈을 파키스탄 사람들이 채워주었다. 따뜻하게 인사를 건네는 사람이 있는가 하면 사진을 찍고 싶어서 옆을 서성이는 사람도 있었다. 그들은 익숙한 공간에 찾아온 낯선 이들과 함께 추억을 만들고 싶어 했다.

어느덧 서쪽 하늘이 붉게 물들어가고 있었다. 아름다운 곡선으로 우뚝 선 바드샤히모스크 뒤편으로 펼쳐진 석양을 한참이나 바라보았다. 10월의 어느 날, 파키스탄에서 이렇게 아름다운 일몰을 보게 될 줄이야… 모스크에서 여러 사람들과 인사를 나누며 이야기를 하던 중 한 청년에게 질문을 받았다.

"파키스탄 어때?"

"파키스탄 아차 해!"

나의 큰 외침에 다들 좋아하며 기뻐했다. '아차'는 보통 음식이 맛있을 때 쓰는 말인데 '아차 해'라고 하면 두루두루 좋다는 말이었다. 그들을 위해서 한 말이 아니라 며칠 만에 파키스탄에 푹 빠져버린 내 진심에서 우러나오는 말이었다. 하지만 진짜 파키스탄 여행은 이제부터였다. 여행자들이 꿈꾸는 블랙홀, 훈자가 기다리고 있기 때문이었다.

아름다운 자태로 우뚝 솟아 있는 바드샤히모스크

003

라호르에서 훈자까지는 꽤나 먼 여정이다. 버스를 타고 파키스
탄 수도인 이슬라마바드까지 가서 다시 버스를 타고 길기트를 거쳐
훈자에 갈 수 있다. 하지만 그 전에 꼭 들러야 하는 곳이 있다. 히말
라야산맥의 끝자락에 우뚝 솟은 봉우리인 낭가파르밧을 만나러 가
기 위해서 라이코트브릿지에서 멈췄다. 파키스탄에서는 K2에 이
어 두 번째로 높은 곳이라 두 눈으로 꼭 보고 싶었다. 다리 옆 호텔
에 무거운 짐을 맡기고 2박 3일의 일정으로 트레킹을 시작했다. 본
격적인 트레킹을 시작하는 페어리포인트까지는 지프를 타고 가야
한다. 한 시간 정도 가야 하는데 정신이 아찔할 정도로 길은 위험했
다. 좁은 낭떠러지 옆길을 가며 깊은 골짜기를 바라보니 어질어질
했다. 다행스럽게도 지프차는 무사히 도착해 페어리포인트에 두 남
자를 떨궈줬다.

가는 길이 험하지 않고 코스도 생각보다 길지 않아서 2시간 만에
오늘의 목적지인 페어리메도우에 다다를 수 있었다. 그런데 그 입
구 쪽에 한 청년이 나와서 우릴 보고 있었다. 아까 샹그릴라호텔에
서 만난 사람이 뷰포인트호텔을 추천했는데 마중이라도 나온 것일
까? 혹시나 했는데 역시나였다. 사비에르라는 친구였는데 나이는
겨우 스무 살이었다. 이곳에 혼자 머물면서 통나무로 된 숙소를 운
영하고 있었다. 짧은 산행이었지만 오랜만에 걷는 거라 조금 지쳐

있는 우리를 위해 따뜻하게 불을 피우고 밀크티를 준비해 나왔다. 쌀쌀한 날씨에 몸이 따뜻해지니 컨디션이 살아났다. 사비에르와 현우, 나까지 남자 세 명은 불을 피워놓고 이야기꽃을 피웠다. 사비에르는 4월에 이곳 페어리메도우에 올라와 10월 말까지 머물다가 아래로 내려간다고 했다. 외롭고 적적하다는 말에 조금 마음이 짠해질 무렵, 갑자기 여자친구가 있냐고 물었다. "당연히 없지!"라고 했더니 막 웃으며 자기는 여자친구가 있다면서 자랑을 하기 시작했다. 얄밉고도 괜찮은 친구였다.

원래 페어리메도우에서 저 멀리 낭가파르밧이 보여야 하는데 오늘은 구름이 가득해서 보이지 않았다. 어둠이 깊어질수록 산 정상은 찬 공기로 휩싸였다. 정말 춥다. 숙소엔 난방기구도 없었고, 그저 침낭과 담요에 기대어 체온으로 따뜻하게 데워야만 했다. 오늘밤은 추위와의 싸움이었다. 음악을 들으며 오지 않은 잠을 초대하다가 잠이 들었다. 눈 뜨자마자 드는 생각은 하나였다. 과연 낭가파르밧이 보일까? 커튼을 살포시 젖혀 밖을 보니 이건 뭐, 말문이 막혔다. 온통 하얀 세상이었다. 맑은 하늘을 기대했건만 눈이 오고 있었다. 10월에 맞이하는 하얀 세상이었다. 당연하게도 낭가파르밧은 오늘도 모습을 보여주지 않았다.

아침을 먹으며 사비에르에게 물어보니 베얄캠프까지 가는 것은 괜찮다고 했다. 원래 계획은 오늘 짐을 싸서 베얄캠프로 갔다가 거기서 조금 더 올라가 낭가파르밧 베이스캠프까지 가는 거였다. 하지만 눈이 오면서 모든 계획은 달라졌다. 가는 길도 위험할뿐더러 전망대까지 가더라도 낭가파르밧을 볼 수 없는 상황이었다. 그래서 이곳에 짐을 두고 베얄캠프까지 산책하듯이 다녀오자는 결론을 내렸다.

하얀 세상을 보며 한 시간 반 만에 베얄캠프에 도착했다. 호텔이라고는 하지만 통나무집 몇 채가 전부였다. 안으로 들어가 밀려드는 갈증에 "미네랄 워터?"라고 했다가 서로 눈이 마주치면서 피식 웃고 말았다. 동시에 주변에 쌓인 하얀 눈을 보고 말았던 것이다. 지천으로 널린 게 히말라야 청정수였다. 눈만 퍼다 먹으면 쉬운 일인 것을 굳이 습관처럼 물을 찾았던 것이다. 잠시 앉아서 쉬다가 뜨거운 커피 한잔을 부탁했다. 한 모금씩 마시면서 눈부신 풍경을 카메라와 가슴에 가득 담고, 상쾌한 마음으로 다시 페어리메도우로 돌아왔다.

현우와 난로 옆에 앉아 손을 녹이며 도란도란 이야기를 나눴다. 앞으로의 여행 일정과 가기로 한 나라에 대한 이야기가 오갔다. 여

여자친구를 많이 사랑하고, 엄청 자랑하던 사비에르

파키스탄을 함께 여행한 현우가 페어리메도우를 거닐고 있다

행자는 화가다. 여행 루트를 스케치하고 그 루트를 따라가며 이런 저런 이야기로 색을 칠해 간다. 어디를 가서 무엇을 보느냐도 중요하지만 그 길에서 누구를 만나 어떤 이야기를 만드느냐가 더 중요하다는 결론에 다다랐다. 이번 페어리메도우에서는 건강한 청년 사비에르를 만났다. 저음의 목소리에 말도 별로 없지만 그저 여자친구 이야기만 나오면 침이 마르게 칭찬을 하고 하이파이브를 나누고 악수를 하게 되는 유쾌한 사비에르! 이렇게 만나게 된 것도 다 인연일 텐데 참 고맙고 소중했다. 그 인연에 감사하며 오늘도 행복한 밤에 빠져들었다.

아침 일찍 창문 틈새로 햇살이 찾아들었다. 얼른 옷을 챙겨 입고 밖으로 나갔다. 드디어 낭가파르밧이 구름 사이로 살포시 모습을 드러냈다. 걷힐 듯 말 듯 구름은 여전히 낭가파르밧에 품에 안겨 떠날 줄을 몰랐다. 혹시라도 떠날라치면 고새 다른 구름이 서둘러 나타나 낭가파르밧의 얼굴을 슬며시 가려주었다. 제대로 보이지 않는다고 불평하기보다는 이만큼이라도 보여줘서 감사하다고 전해주고 싶었다. 한 시간여 동안 들락날락하는 구름과 낭가파르밧의 얼굴을 보면서 소중한 아침 시간을 보냈다. 오전 11시가 되어갈 무렵 짐을 싸서 하산 준비를 했다. 마지막으로 우리가 함께했던 추억의 장소인 부엌 나무벽에 짧은 글을 새겼다.

'I ♡ PAKISTAN'

다음에는 푸르름이 가득한 5월에 이곳을 찾아오겠다는 약속을 하고 사비에르와 뜨겁게 포옹을 나눴다.

빙하가 흘러내리는 위쪽 구름 사이에 낭가파르밧이 살짝 모습을 드러냈다

블랙홀은 모든 것을 빨아들이고 한 번 빠지면 나올 수 없다. 여행지 중에서도 여행자를 끌어당기고 놓아주지 않는 블랙홀 같은 곳이 있다. 그 조건은 대략 세 가지 정도다.

첫째, 물가가 저렴해야 한다. 오래 머물고 즐기려면 경비 지출이 적을수록 좋다. 훈자는 숙소나 음식값 등 대부분의 물가가 저렴한 편이라 오래 머물기 좋다.

둘째, 풍경이 아름다워야 한다. 볼 것이 있어야 그곳에 머무는 즐거움이 커진다. 훈자는 보고도 믿기지 않는 대자연의 아름다움을 온전히 느낄 수 있는 곳이다.

셋째, 사람들이 친절해야 한다. 가장 중요한 조건이다. 훈자 사람들은 여행자를 바라보는 눈빛이 따뜻하다. 밝은 미소와 친절함을 보여주는 훈자 사람들은 마을을 떠나고 싶지 않게 만든다. 파키스탄 북부의 훈자 마을은 세 가지 조건을 다 갖춘 매력적인 블랙홀 여행지이다.

지금 훈자에 있다는 사실이 실감 나지 않았다. 그토록 오고 싶었고 간절히 원했던 곳에 서 있는 기분을 무엇으로 설명할 수 있을까? 얼굴에는 흐뭇한 미소만이 가득했다. 숙소 앞에서 달달한 짜이 한 잔을 마시니 더 이상 부러울 게 없었다. 여행을 떠나기 전에 적은 파키스탄 버킷리스트는 훈자에서 쉬고 또 쉬는 것이었다. 내일은 그 계획을 충실히 지킬 생각이었다. 그렇지만 누구나 여행 오기 전까지는 그럴싸한 계획을 갖고 있기 마련이다. 다음 날 나는 산에 오르고 있었다.

울타르. 울타리와 비슷한 어감을 가진 그곳은 훈자 마을 뒷산이다. 3시간만 오르면 만날 수 있는 울타르메도우에서 울타르를 제대로 느낄 수 있다. 말이 뒷산이지 정상의 높이가 7천 미터 정도로 웅장하고 높은 봉우리였다. 짧은 거리라서 맘 편히 시작했는데 산길로 접어들 무렵부터 길이 심상치가 않았다. 잘게 부서진 돌들과 마른 흙이 어우러져 매우 미끄러웠다. 길이 어느 정도 단단해야 발에 힘을 실어서 올라가는 게 쉬운데 계속 미끄러지다 보니 몇 배로 힘이 들었다. 하지만 앞뒤로 보이는 아름다운 설산은 그런 힘겨움을 잘 견디게 해줬다. 인도 마날리에서 레로 가는 길이 신들이 놀이터였고, 네팔의 안나푸르나가 신들의 안식처라면 파키스탄 훈자는 인간을 위해 만들어준 신들의 선물이었다. 그 선물을 제대로 느끼고 싶어 발걸음을 내딛고 있었다.

간신히 도착해 바라본 풍경은 눈이 부실 정도로 아름다웠다. 정교하고 아름답게 만들어진 신들의 선물이었다. 구름 뒤에 수줍게 숨은 레이디핑거부터 훈자봉, 울타르1봉, 울타르2봉까지. 특히 울타르1봉에서 내리뻗은 빙하는 경이로움의 절정이었다. 이 절경을 아무리 좋은 카메라로 찍는다 해도 두 눈으로 본 만큼은 담아내지 못할 것 같았다.

울타르메도우에는 낯선 사람들이 있었다. 인사를 하고 이야기를 나눠보니 새벽부터 울타르봉을 오르내리며 산염소를 사냥한다고 했다. 아랫마을에서 보던 사람들보다 조금은 강하면서 거친 면이 있었다. 하지만 미소는 따뜻했고, 건네는 말들은 정감 있었다. 게다가 조금은 지쳐있던 우리에게 가벼운 농담으로 웃음까지 주었다. 이런저런 이야기를 하며 앉아 쉬는데 천막 안에서 소중한 간식이 나왔다. 밀크티와 바싹 말린 훈자빵이었다. 땀이 식으면서 조금씩 추위가 밀려들었고, 허기진 배는 뭐라도 넣어달라고 성화였는데 아주 적절한 타이밍이었다. 그냥 있을 수는 없어서 배낭에 담아온 비스킷을 꺼내 따뜻한 분위기에 살짝 얹어 놓았다. 함께 음식을 나눌 수 있어서 행복한 시간이었고, 그 위에 미소를 얹을 수 있어서 더 값진 시간이었다. 이곳에서 좋은 사람들을 만날 수 있을 거라고는 생각지도 못했는데 말이다. 내려가기 전에 함께 사진을 찍고, 배낭에 있던 비스킷을 몽땅 천막 안에 두고 왔다. 훈훈한 정에 대한 나름의 감사 표시였다. 내려가는 길은 따뜻한 마음 덕분이었는지 한결 가벼운 발걸음이었다.

훈자 마을의 뒷산인 울타르 봉우리

훈자 이글네스트는 세상에서 가장 맛있는 밀크티를
마실 수 있는 곳

"헬로우"

청아한 소녀의 목소리가 들렸다. 집 안쪽에서 한 소녀가 인사를
했다. 그리고 소녀의 엄마는 아들을 안고 옆에 서서 나를 바라보고
있었다. 반가운 마음에 인사를 건네고 간단하게 소개를 했다. 소녀
는 가까이 다가오더니 주머니에서 호두를 꺼내 건넸다. 고맙기도
하고 신기하기도 해서 알면서도 고개를 갸우뚱하니까 소녀는 다시
호두를 가져가더니 옆에 있는 돌을 주워서 껍데기를 깨서 알맹이를
건넸다. 먹으면서 "아차! 아차!"라고 하니까 소녀와 엄마는 까르르
웃으면서 좋아했다. 고마운 마음에 "슈크리아"를 외치고 떠나려고
하니 소녀가 잠깐만 기다리라고 하면서 집 안으로 들어갔다. 그러
더니 잠시 후 호두를 양손에 가득 담아서 나왔다. 맛있게 먹는 모습

을 보고 더 줘야겠다고 생각했던 것이다. 느닷없이 찾아온 감동이었다. 낯선 여행자에게 베푸는 호의와 따뜻한 정이 호두에 담겨 있었다. 뿌듯하면서도 흐뭇한 마음에 기분 좋은 발걸음을 이어갈 수 있었다.

　좀 더 걷다 보니 건초를 옮기고 있는 청년들이 보였다. 가볍게 인사를 건네고 이런저런 이야기를 나누었다. 20대 초반의 대학생들이었고, 하산이라는 친구 집에 놀러 왔다가 잠깐 일을 도와주고 있다고 했다. 손인사를 하고 떠나려고 하니 하산이라는 친구가 잠깐 들어가 차 한잔하고 가라고 했다. 아직까지 현지인 집에 초대받아 본 경험이 없어서 흔쾌히 그러자고 하고 방으로 들어갔다. 훈자의 네 친구들과 둘러앉아서 짧은 영어로 이런저런 이야기를 나누었다. 하산의 여동생은 부산하게 밀크티와 간단한 음식을 내왔다. 다들 좋은 친구들이었고, 내게는 만찬 같은 대접이었다. 내가 해줄 수 있는 거라곤 사진을 찍어서 보여주는 것밖에 없었다. 하산의 여동생도 있고, 조카도 있어서 쿠키라도 있었으면 좋았겠지만 이미 가벼운 배낭이었다. 즐거운 시간은 언제나 순식간에 지나가버린다. 훈자를 떠나기 전에 한번은 다시 오겠다고 하고 아쉬운 만남을 정리해야만 했다.

훈자에서의 남은 시간이 많지 않았다. 곧 이곳을 떠난다고 생각
하니 아침부터 마음이 좀 그랬다. 아쉬운 마음이 커서 그런지 조금
은 슬픈 것 같기도 하고, 뭔가 더 해야 할 것이 남은 것 같기도 했다.
오늘은 알리아바드에 가서 지금까지 찍은 훈자 사람들의 사진을 인
화할 생각이었다. 훈자 사람들이 보여준 따뜻한 마음에 사진으로나
마 보답하고 싶었다. 두 시간 정도 기다리니 50여 장의 사진파일이
인화지에 예쁘게 담겨 손에 들렸다. 숙소로 돌아와 배낭 가득 쿠키
와 사진으로 채우고 길을 나섰다. 노란 잠바 입은 옐로 산타가 되어
훈자 사람들을 만날 시간이었다.

　며칠 동안 누비고 다녔던 동선을 따라 걸음을 옮겼다. 사진 속의
주인공들을 찾아다니는 셈이었다. 골목으로 들어서자 지난번에 보
았던 아이 한 명이 나와 있었다. 다시 만나니 정말 반가웠다. 다른
아이들도 불러오라고 해서 사진을 전달하는데 사람들이 모여들기
시작했다. 다들 사진을 돌려서 보면서 꺄르르 웃기도 하고 서로 이
야기를 나누었다. 자신이나 아는 사람들의 모습이 담긴 사진을 직
접 보는 것은 유쾌한 일이었다.

　사진을 다 나눠주고 슬슬 바깥길로 나가려던 찰나였다. 처음 만
났던 아이의 삼촌이라는 사람이 다가와 말을 걸었다. 잠시 이야기
를 나누다가 차를 한잔하고 갈 것을 권했다. 방으로 들어오라는 손

훈자에서 만난 아이들

노란 잠바를 입고 옐로 산타가 되어 훈자 사람들을 찾아다녔다

짓에 좁은 문을 지나 안으로 들어가니 많은 가족들이 나를 쳐다보고 있었다. 즐겁기도 하고 조금은 당황스럽기도 했다. 10여 명의 사람들이 느끼는 잠깐의 어색함이 지나가자 방 안이 부산해졌다.

먼저 아이의 삼촌이 따뜻한 밀크티 짜이를 내왔다. 달달한 짜이 한 잔에 마음이 따뜻해졌다. 잠시 후 그 친구의 어머니께서 훈자빵을 내오셨다. 짜이에 찍어 먹으니 꿀맛이었다. 곧이어 아버지께서 사과를 직접 깎아서 앞에 가져다주셨다. 훈자마을이 사과가 유명하다는 말을 들었는데 정말 맛있었다. 이어서 할머니께서 드라이푸드라고 불리는 호두와 말린 살구씨를 대접해주셨다. 특히 살구씨는 아몬드 맛과 비슷하면서도 풍미는 더 괜찮았다. 그들의 환대에 잠시 멍하면서도 손님 대접을 이렇게 제대로 받나 싶어서 어깨가 으쓱해졌다. 마지막으로 할아버지께서 감자튀김까지 들고 오셨다. 정말 황송한 시간이었다. 그들의 친절하고 따뜻한 대접에 고개가 숙여졌다. 맛도 좋아서 먹고 또 먹고 계속 먹어댔다. 먹으면서 "아차"를 외치면 다들 막 웃었다. 아… 이런 느낌이구나. 마음속까지 따뜻해졌다.

누군가의 집에 초대되어서 환대받는 것은 행복 그 자체였다. 슬슬 갈 시간이 되어 일어서려고 하니 다들 아쉬움에 잡고 또 잡았다. 오늘 꼭 해야 할 일이 있어서 일어나야 한다고 하니 언제 나갔다 오셨는지 할머니께서 사과를 한가득 담아오셨다. 내가 먹다 만 드라이푸드도 이미 비닐봉투에 담겨 있었다. 따뜻하고 진득한 정 때문인지 발걸음이 쉬이 떨어지지 않았다. 환하게 웃어주며 내일 또 오라는 말을 뒤로한 채 어렵사리 집 밖으로 나왔다. 행복하면서도 못내 아쉬운 마음을 달랠 길이 없었다. 발걸음을 알티트마을로 돌렸다.

한참 걸어가고 있는데 뒤에서 시끄러운 소리가 들렸다. 트랙터였다. 손을 흔들며 알티트마을에 간다고 하자 흔쾌히 뒤에 타라고 했다. 하지만 트랙터를 타는 것은 그리 낭만적이지는 않았다. 들썩들썩할 때마다 엉덩이가 요동을 쳤다. 어서 도착하기만을 바랄 정도였다. 알티트마을에 도착하자마자 쉼터로 달려갔다. 마을 초입에 비닐하우스로 된 건물이 몇 동 있는데 얼마 전에 발생한 수해로 집을 잃은 사람들이 임시로 거주하고 있는 곳이었다. 안으로 들어서니 아이들이 반갑게 맞아주었다. 그곳에 있는 어른들도 나를 알아봤다. 벌써 세 번째 방문이니 그럴 만도 했다. 가자마자 사진을 꺼내니 금세 시끌벅적해졌다. 꺄르르 웃는 소리와 도란도란 이야기 나누는 소리가 어우러졌고 다들 사진을 돌려보느라 바빴다. 사진 선물이 이렇게 큰 즐거움을 가져다줄 거라고는 생각하지 못했다. 즐거워하는 사람들을 보니 나도 행복해졌다. 이제는 이 아이들과도 이별이다. 발걸음이 떨어지지 않았지만 애써 손을 흔들고 다시 카리마바드로 돌아왔다.

훈자를 떠나는 날이 결국 오고야 말았다. 마지막 인사를 전하기 위해 어제 그 집에 들렀다. 할아버지께서는 언제든 훈자에 오면 우리 집에 찾아오라고 하셨다. 너무 깊이 빠져버린 훈자에 정을 조금 떼고 싶어 다소 모질지만 어렵게 얘기를 꺼냈다. 제가 다시 올 때까지 5년이 걸릴지 10년이 걸릴지 모른다고 말씀드렸더니 할아버지께서 손을 꼬옥 잡으셨다. 그 시간이 언제가 됐든 너는 우리 가족의 소중한 친구이자 반가운 손님이니 언제든 편하게 대문을 두드리면 좋겠다고 말씀하셨다. 할아버지 눈가엔 눈물이 그렁그렁했다. 나도 뭔가 뜨거운 게 밀려오는데 참을 수가 없었다. 나도 울고 할아버지도 울고 지켜보는 가족들도 모두 눈물을 흘리고 있었다. 이렇게 짧은 시간에도 깊이 정이 들 수도 있구나. 그래, 여기는 훈자니까!

어떤 여행자는 한 달을, 또 다른 여행자는 세 달을 머무는 곳이 이곳 훈자다. 처음에는 이해가 되지 않았지만 이제는 왜 그들이 블랙홀 훈자에서 떠나지 못했는지를 알 것 같았다. 그것은 바로 훈자 사람들 때문이었다. 그들의 따뜻한 마음과 친절함 때문에 그리고 순수한 정 때문에 자꾸만 머물게 되는 블랙홀이 되어버린 것이다.

1. 아이들을 만나서 사진에 담았고, 인화해서 추억의 선물로 돌려주었다
2. 낯선 여행자에게 베푸는 따뜻한 마음에 깊은 감동을 받았다

스카르두에서 맞이하는 아침이다. 허리가 너무 아팠다. 훈자에서 길기트까지, 길기트에서 스카르두까지 미니버스만 10시간을 타고 이곳까지 왔다. 사실 훈자를 떠나기 싫어서 스카르두를 잊을 뻔했지만 그 위기를 겨우 극복하고 지금은 또 다른 풍경을 맞이하고 있다.

카라코람산맥의 최고봉인 K2를 가기 위해서는 반드시 스카르두를 거쳐야 한다. 발티스탄 지역의 중심이지만 생각만큼 번화한 곳은 아니었다. 스카르두는 훈자에 비해서 보수적인 분위기였고, 여행자도 많지 않았다. 그럴수록 현지인들에게 먼저 인사를 건네고 밝은 미소를 보여주는 것이 중요하다. 아무것도 안 하면서 친절함을 기대하는 것은 욕심이다. 그들에게 익숙한 일상의 공간에 찾아간 여행자는 경계심을 갖게 하는 이방인이다. 소통을 위해 노력하다 보면 마음을 열고 따뜻한 미소로 여행자를 맞아주는 현지인들을 만날 수 있다. 그러다 보면 여행의 깊이는 점점 깊어지고 진득한 색으로 물들게 될 것이다. 그것이 여행이 만들어주는 특별한 색깔이니까.

스카르두에서 K2를 제외하고도 갈 곳은 많다. 카르포초성에 올라가면 인더스강이 흐르는 멋진 풍경을 마음껏 즐길 수 있고, 샹그릴라리조트는 반영샷 명소로 유명하다. 그런데 멋진 풍경을 보고 있어도 이상하게 마음이 무거웠다. 이제 정말 말도 안 되는 대장정을 앞두고 있어서 그랬을 것이다. 내일이면 이곳 북부 끝자락의 스카르두를 떠나 두바이행 비행기를 타기 위해 남부의 경제도시 카라치로 이동해야 한다.

스카르두 → 길기트 (215km) 6~7시간, 미니버스는 고생길.
길기트 → 라왈핀디 (570km) 20~24시간, 길이 험하고 검문이 많다.
라왈핀디 → 카라치 (1,600km) 평균 24시간 소요, 멀고도 먼 길.

세계일주는 끊임없이 도시에서 도시로 이동해야 한다. 매번 쉽지 않은 여정이 기다리고 있다. 특히 파키스탄 같은 큰 나라에서

카르포초성을 지키는 할아버지

육로로만 이동하는 것은 엄청난 각오를 필요로 한다. 지금은 50시
간 이상 소요되는 버스 대장정을 앞두고 마음을 진정시킬 타이밍
이었다.

카르포초성에서 바라본 인더스강

튀르키예

TÜRKİYE

떠날 수 있는 용기, 떠나지 않을 용기

세계일주 같은 장기 여행을 떠나는 것은 큰 용기가 필요하다. 넓은 세상으로 나가는 것이 겁도 나고, 막막하기도 하다. 떠나야겠다는 결단과 과감한 추진력이 필요한데 그것이 떠날 수 있는 용기다.

그때 중요한 또 하나는 내가 쥐고 있는 것을 놓을 수 있는 용기다. 일상인으로서 살아가다 보면 얽혀 있는 것들이 생각보다 많다. 일과 가족, 미래에 대한 걱정과 두려움, 현실에 붙잡힌 수많은 것들이 떠오르기 시작하는데 그것들을 놓지 못한다면 영영 떠날 수 없다. 그래서 놓을 수 있는 용기도 필요하다.

떠나지 않을 용기도 존중받아야 한다. 떠나지 않는 것은 용기가 없거나 비겁한 것이 아니다. 그만큼 현재 자신에게 주어진 많은 것들을 소중하게 여기고 있는 것이고, 자신을 아끼고 걱정해주는 사람들의 마음을 헤아리고 있다고 볼 수 있다. 떠나지 않는 선택을 하는 것도 용기가 필요한 것이다.

떠날 수 있는 용기, 놓을 수 있는 용기, 떠나지 않을 용기 모두 다 존중받아야 하는 값진 용기인 셈이다.

두바이에서 파하드 만나고, 튀르키예로 날아가다

길고 긴 여정이었다. 파키스탄을 버스로 종단하다시피 달렸고, 카라치공항을 떠나 두바이에 도착했다. 원래 다음 목적지는 튀르키예였지만 파하드를 만나기 위해 이곳에 왔다. 파키스탄 사람이면서 아랍에미리트 국적을 갖고 성공적인 삶을 살아가고 있는 파하드는 대단한 사람이다. 두바이에서 사업을 하면서 프리랜서 사진작가 활동까지 함께 이어가고 있다. 훈자에서 파하드를 알게 되었고, 그의 SNS에 있는 사진을 보면서 감탄 또 감탄했던 기억이 난다. 다른 나라로 넘어갈 때 두바이에 들러서 얼굴 보자고 했던 그 약속을 지금 우린 지키고 있는 것이었다.

파하드는 감기 때문에 몸이 좋지 않아서 힘들었을 텐데 자발적 여행가이드가 되어서 지금도 열심히 설명하며 밀크티를 건네고 있다. 파키스탄 여행을 할 때까지는 내가 두바이의 시장 골목에 있을 거라고는 상상조차 하지 못했다. 이런 것들이 다 인연의 힘이었다. 우연이 만들어 준 기회를 잡아서 인연으로 간직하는 노력의 선물인 것이다. 덕분에 두바이 올드시티와 박물관, 7성급 호텔인 버즈 알 아랍과 부르즈 할리파에 두바이몰까지 정말 많은 곳을 짧은 시간에 다녀볼 수 있었다.

두바이의 세 남자는 아쉬운 마음을 안고 공항으로 향했다. 오늘 밤 비행기로 현우는 이란으로 떠나고 나는 새벽 비행기를 타고 튀르키예로 간다. 파하드에게 나중에 한국에 오면 며칠 동안 아름다운 곳을 함께 다니자며 먼 미래의 즐거운 그날을 떠올렸다. 그때 내가 한국의 맛있는 음식도 몽땅 사주겠다고 하니 그게 언제쯤이냐고 묻는다. 한 2년 정도 후면 괜찮을 거 같아 이야기했더니 웃으면서 꼭 온다고 했다. 다른 사람은 몰라도 사진과 여행을 사랑하는 파하드는 꼭 한 번은 우리나라에 올 것 같았다. 그날을 기약하며 우리는 가벼운 포옹으로 마지막 인사를 나누며 각자의 방향으로 흘러갔다.

두바이에서 다시 만난 파하드와 오끼

배고픈 여행자에겐 언제나 싸고 맛있는 음식이 필요하다. 튀르키예 음식은 세계 3대 음식 중 하나로 꼽히기 때문에 많은 기대를 하고 왔다. 튀르키예의 첫 도시 이스탄불의 한 호스텔에 숙소를 정했다. 배낭여행자들은 대개 여러 명이 함께 머무는 도미토리에서 지낸다. 넓은 방에 이층 침대가 가득 찬 형태인데 이곳은 무려 24인실이었다. 다양한 국적의 여행자가 함께 생활하는 것인데 남녀가 함께 쓰는 공간이라 낯설면서도 흥미로운 경험을 할 수 있다.

샤워를 하고 수건 한 장만 두르고 돌아다니는 이탈리아 청년, 속옷 차림으로 인사를 건네는 스위스 여대생, 갈아입을 옷을 잔뜩 들고 샤워장으로 가는 내게 안에서 빨래하면 안 된다고 친절하게 알려주는 프랑스 아저씨까지. 문화의 차이를 느끼면서 조금씩 경계를 허무는 과정이 당황스러우면서도 재밌었다. 이스탄불에는 친한 동생이 먼저 여행을 와 있어서 함께 먹거리 천국에 빠져보기로 했다.

숙소를 벗어나 술탄아흐메트 광장으로 나가니 어디에 먼저 시선을 둬야 할지 모를 정도로 인상적인 건축물이 눈에 들어왔다. 왼쪽으로는 블루모스크가 웅장하고 화려한 자태를 드러내고 있었고, 오른쪽으로는 아름다운 아야소피아 성당이 우뚝 솟아 있었다. 다른 종교의 상징적인 건축물이 조화롭게 존재하는 이 공간이야말로 이스탄불의 역사와 특징을 한눈에 알 수 있게 했다. 하지만 배고픈 여

이스탄불의 랜드마크 블루모스크

행자에게 광장에서 파는 군밤과 터키빵이 더욱 눈에 들어오는 것은
어쩔 수 없었다.

스파이시바자르에 가니 시장답게 먹음직스러운 음식을 파는 곳
이 많았다. 한 식당 앞에서 눈에 띄는 메뉴가 있어서 무작정 들어
가 음식을 시켰다. 서비스로 무한 제공되는 빵으로 허겁지겁 배를
채웠다. 튀르키예는 밀 농사가 잘되고 빵 인심이 후하다고 하더니
그 말이 사실이었다. 그리고 이어 나온 잘 구워진 양고기와 소고기
요리를 맛보는 순간 심장 박동이 빨라지고 호흡이 거칠어지는 것

을 느낄 수 있었다. 보기에도 맛깔스러운 음식은 입맛에 잘 맞았다. 이게 바로 튀르키예 음식이구나 하면서 정신없이 입안으로 밀어 넣었다. 처음 경험한 튀르키예 음식은 그야말로 최고였다. 든든히 배를 채우고 걸어간 갈라타 다리 아래에서는 이스탄불의 별미인 고등어케밥을 팔고 있었다. 호불호가 있는 음식이라고 들었는데 한가득 베어 무니 또다시 행복한 웃음이 얼굴에 퍼졌다. 해 질 무렵의 이스탄불은 음식, 사람, 풍경까지 여행자를 끌어당기는 매력이 넘치는 도시였다.

튀르키예 음식은 한국인들의 입맛에 꽤나 잘 맞는 편이다

고풍스럽고 여유로운 마을 샤프란볼루

여행에도 휴일이 필요하다. 여행이 휴일이 아니냐고 반문할 수
도 있다. 하지만 새로운 환경에서 낯선 사람들과 익숙하지 않은 언
어 속에서 시간을 보내는 것은 그리 편한 일이 아니었다. 특히 파
키스탄을 떠나는 마지막 이틀과 두바이를 거치며 4일 동안 누워본
적이 없다. 버스 안에서 많은 시간을 보냈고, 공항에서 노숙을 했
다. 체력적으로나 정신적으로 피로가 쌓일 만한 상황이었다. 다행
히 샤프란볼루는 힐링이 되는 평화로운 마을이었다. 예스러운 모
습을 고스란히 담고 있는 건물과 그 안에서 살아가는 소박하고 착
한 사람들의 모습을 보고 있노라면 마음이 편안해졌다. 휴식이 필

우연히 현지인 부부와 함께 차를 마시며 대화를 나누게 되었다

요한 여행자에게 샤프란볼루는 아주 괜찮은 여행지였다.

샤프란꽃이 가득 피는 곳이라서 이름이 샤프란볼루, 마을 전체가 옛것의 아름다움을 보존하고 있어서 세계문화유산으로 지정된 곳이다. 골목 사이사이에는 기념품을 파는 가게가 예쁘게 자리 잡고 있고, 사람들은 미소로 여행자를 반겨주는 곳이기에 걷다 보면 행복해지곤 했다.

하지만 여행하면서 만나는 현지인들 모두가 나한테 꼭 친절할 거라고 생각해서는 안 된다. 그 나라말로 인사를 건네고 감사하다는 표현을 하는 정도의 노력은 필요하다. 소통하기 위한 노력을 보며 낯선 이방인에 대한 경계를 허물며 그들은 기뻐하며 환영해줄 것이다. 새로운 세계에 대한 호기심과 작은 용기를 갖고 내가 먼저 조금만 노력한다면 훈훈한 여행의 그림이 완성될 것이다.

샤프란볼루에서는 독특한 공예품을 만나볼 수 있다

튀르키예는 땅덩어리가 매우 큰 나라다. 여행을 위해서 도시를 이동하는 것 자체가 큰 일정이 되어버린다. 튀르키예 중앙부의 괴레메에서 북동부 혹해 연안에 있는 트라브존까지 17시간 동안 버스를 타고 달려왔다. 이곳에서는 이란 비자를 받는 것이 가장 중요한 일이었다. 비자를 신청하고 기다리는 동안 보즈테페 언덕에 올라가기 위해 발걸음을 옮겼다.

놀이터에서 잠깐 쉴 무렵 10대로 보이는 남자애가 다가와 말을 걸었다. 5분 정도 각자의 언어로 이야기를 나누다가 자리를 뜨는데 그 친구도 함께 따라나섰다. 도통 말을 알아들을 수도 없고, 이 친구의 의도를 알 수 없어서 미심쩍은 생각이 들었다. 계단을 벗어나 갈림길에 다가서자 본격적으로 뭔가 더 열심히 이야기하기 시작했다. 슬슬 귀찮기도 하고, 걱정도 돼서 고맙다고 그만 가라고 매몰차게 말하고 헤어졌다.

갈림길에 나와 있는 이정표를 보고 보즈테페 방향으로 한참을 걸어도 목적지가 나오질 않았다. 도저히 안 되겠다 싶어서 지나가는 아주머니께 길을 물었다. 보즈테페라는 단어를 꺼내니까 걸어왔던 길의 반대 방향으로 손짓하셨다. 잠시 머뭇거리자 따라오라며 아까의 그 갈림길까지 함께 걷다가 그곳에서 외면했던 방향을 가리키셨다. 그 방향으로 5분 정도 걸어가니 전망이 탁 트인 보즈테페

공원이 나왔다. 하아….

불현듯 아까 만났던 남자애가 떠올랐다. '길을 알려주려고 그렇게 열심히 설명했던 거였구나.' 이정표가 헷갈리게 되어 있어서 올바른 방향을 알려주려고 그랬던 거였다. 그런 줄도 모르고 호의를 무시한 채 그냥 보내버린 것이었다. 미안함이 밀려들었고 얼굴이 화끈거렸다. 오해가 불러일으킨 당황스러운 상황이었다. 미안하고 또 미안했다. 다소 무거운 마음으로 시원한 풍경이 보이는 곳으로 가서 앉았다. 한동안 말없이 평화로운 흑해를 보면서 조금씩 마음을 정리했다.

여행자에게 시장은 언제나 생기 있고, 다가서기 쉬운 매력적인 곳이다. 트라브존의 시장 사람들은 정말 인상적이었다. 친절하게 치즈를 먹여주는 아저씨, 생선을 써는 청년, 빵 파는 아주머니와 귤을 공짜로 건네는 사람까지… 이들이 보여주는 친절함에 그저 웃음이 났다. 트라브존 사람들은 친절하고 따뜻했으며 유쾌한 소통이 가능했다. 한국전쟁 참전을 이야기하며 형제국가라 반겨주던 어르신들. 2002년 월드컵 경기를 꺼내며 두 나라의 우정을 이야기하던 비슷한 나이대의 친구들, K팝을 좋아하던 10대 청년들까지 많은 이들과 웃음으로 대화를 이어갈 수 있었다. 메이단공원까지 이어지는 발걸음 내내 행복한 기운을 가득 담을 수 있었고 그 기운은 여행하는 동안 큰 힘이 되었다. 멋진 풍경은 사진으로 남지만 좋은 사람들은 가슴에 남는다는 말을 실감하는 하루였다.

트라브존 사람들이 보여준 밝은 미소

아니 유적지는 튀르키예 동북부의 끝에 있는 카르스라는 곳에서 45km 떨어진 곳에 있는 황량한 땅이다. 아니 유적지는 아픔이 많은 곳이다. 실크로드의 길목에 위치하고 있어서 10세기경에 크게 번성했던 아르메니아 왕국의 도시였다. 하지만 지금은 아르메니아가 아닌 튀르키예의 영토에 편입되어 있다. 수차례의 침략과 대지진을 겪으며 거의 파괴되긴 했지만 가장 큰 사건은 100여 년 전에 일어났다. 1차 대전 당시 튀르키예는 이곳에 살던 아르메니아인들을 시리아 사막으로 강제 이주시켰고, 그 과정에서 100만 명이 죽었다. 이 사건 때문에 튀르키예와 아르메니아는 최근까지 국교를 단절했다고 한다. 천년왕국 아르메니아의 수도였던 아니는 이제는 튀르키예 땅에 있다. 아르메니아 사람들은 협곡으로 나뉜 국경 너머로 바라볼 수밖에 없는 현실이다. 또한 5리라의 싼 입장료가 말해주듯 관리가 제대로 이뤄지지 않고 있었다. 자기들의 문화재가 아니라고, 역사의 과오가 담긴 곳이라고 이리 방치하는 것은 안타까운 일이었다. 그래서 더욱 스산하고 황량한 분위기가 강렬하게 다가오는 것 같았다.

무너져버린 대성당과 교회당 및 여러 건물의 잔해는 더 이상의 설명을 필요로 하지 않을 정도였다. 사람이 머물다가 떠난 흔적도 크게 느껴지는데, 번성했던 도시가 사라져버린 흔적은 더욱 허망하고 쓸쓸했다. 그래도 드넓게 펼쳐진 평원과 협곡으로 어우러진 자연만큼은 여전히 아름다움을 빛내고 있었다. 이런저런 생각을 하며 사진을 찍으며 걷고 있노라니 저 멀리서 한 무리의 사람들이 다가왔다. 반갑게 웃으며 인사를 건네자 한국 사람을 본 게 신기했는지 다들 즐거워했다.

2시까지 돌아오라는 택시기사의 말이 생각나 여유로운 시간을 접고 슬슬 발걸음을 옮겼다. 성벽 근처에 올라가 마지막 사진을 담으려는데 저 멀리 유적지 밖 잔디밭에서 연기가 피어오르고 있었다. 가만 보니 아까 만났던 그 대학생들이었다.

"오끼! 컴온~"

여러 명이 소리치며 반갑게 손을 흔들어댔다. 택시기사에게 양해를 구하고 그곳으로 갔다. 카르스 대학생들은 반갑게 맞아주었고, 더욱 들뜬 분위기로 만남을 이어가게 되었다. 사진도 찍고, 이야기도 나누고, 메일 주소도 주고받았다. 항상 느끼는 거지만 사람과의 소통이 이루어질 때 정말 기분이 좋다. 여행의 색깔이 더욱 다양해지면서 꽉 찬 느낌이 든다. 오랜 시간 함께 즐기고 싶었지만 맛있게 보이는 치킨케밥을 받아들고 아쉬운 인사를 나눴다.

아니 유적지에서 만난 튀르키예 대학생에게 치킨케밥을 받아들고 있다

막 돌아서려고 하는데 어여쁜 처자가 적극적으로 다가와 말을 걸었다. 내가 마음에 든다는 거였다. 세계일주를 떠나서 내가 좋다는 여자를 처음 만나봤다. 살다 보니 아니 여행하다 보니 이런 일도 있다. 다른 친구들도 즐거운 마음으로 우리를 엮어주기 위해 분위기를 만들어줬다. 안타깝지만 우리는 이루어질 수 없는 인연이었다. 훈훈한 마음을 잔뜩 안고 떨어지지 않은 발걸음으로 어렵사리 그곳을 벗어났다. 무겁게 돌아보았던 아니 유적지였지만 유쾌한 사람들 덕분에 카르스 여행을 잘 마치고 가볍게 떠날 수 있었다.

노아의 방주가 안착했다고 전해지는 튀르키예 최고봉 아라랏산

협곡을 경계로 왼쪽이 튀르키예의 아니 유적지, 오른쪽이 아르메니아 땅이다

이란

IRAN

여행의 색깔

여행을 하면서 어디를 가느냐, 무엇을 하느냐도 중요하다.

하지만 가장 중요한 것은 누구를 만나느냐이다.

누구를 만나 어떤 이야기를 만드느냐가 여행의 색깔을 결정지어 준다.
여행자의 욕심이라면 좋은 사람을 만나 따뜻한 색깔로 진득하고 인상
적인 그림을 그리고 싶은 것이 당연하지만 그게 마음대로 되지 않는
것이 또 여행이다. 우리가 만들어가는 삶의 색깔도 별반 다르지 않을
것이다. 조금씩 아쉬움은 남겠지만 어떤 색깔이든 받아들일 수 있도
록 마음의 크기를 키우는 것이 필요하다.

어제 무사히 튀르키예 국경 도시인 도우베야짓을 떠나 이란 타
브리즈에 왔다. 이곳은 다른 곳으로 가기 위한 거점 도시였다. 튀르
키예에 비해서는 사람들의 반응이 다소 냉랭했다. 인사를 해도 잘
받아주지 않았고, 조금은 경계하는 모습이 많았다. 나라마다 지역
마다 문화와 성향이 다르기 때문에 이 정도는 받아들여야만 한다.
다소 어색함이 가득한 이란에서의 첫날을 보내고 오늘은 타브리즈
근처에 있는 우르미에 소금호수에 갈 계획이었다.

버스정류장에 도착해서 테헤란행 버스표를 끊고 주차장으로 나
왔다. 많은 장거리 택시기사들이 "우르미에 우르미에"를 외치고 있
었다. 그중에서 영어를 좀 하는 사람과 루트와 비용에 대한 흥정을
했다. 영어가 잘 통하지 않는 곳이라 어렵게 대화를 이어가던 상황
이었기에 그나마 다행이었다. 어렵사리 흥정을 마치고 택시에 타려
고 하니 정작 그 사람은 운행을 하지 않는다고 했다. 말 그대로 흥
정만 붙이고 빠지는 식이었다.

그때 한 거구의 아저씨가 등장했다. 딱 봐도 키가 190cm가 넘었
고, 덩치까지 커서 그야말로 거구였다. 택시 비용과 목적지를 잘 말
해달라고 했더니 두 사람은 이란말로 이야기를 주고받았다. 거구의
택시기사 아저씨는 둔한 외모와 달리 운전을 날카롭게 했다. 웬만
하면 시속 100km 이상을 유지했고, 추월도 마음껏 하면서 질주를

했다. 한 시간 반 정도를 달리자 우르미에 호수가 눈에 들어오기 시작했다. 타브리즈에서 우르미에로 호수를 가로질러 가는 긴 도로가 있는데 그곳에 들어서자 소금호수의 아름다운 풍경이 펼쳐졌다.

"스톱! 스톱! 포토! 포토!"

이렇게 외치면 당연히 멈출 줄 알았는데 택시는 멈추지 않고 계속 달렸다. 거구에 인상도 별로인 택시기사는 나를 살짝 째려보더니 이해하지 못한 듯 계속 속도를 높였다. 분명 저곳이 우리가 가고자 했던 우르미에 호수인데 왜 지나칠까? 뭔가 불안함이 엄습했지만 일단 믿고 계속 가보기로 했다. 호수가 워낙 넓으니 다른 포인트로 가려나 싶었다. 20분 정도를 더 빠르게 달리던 택시는 우르미에 도심에 도착해서야 멈춰 있다. 택시기사는 이제 어디로 가냐고 물었다. 아까 흥정을 하던 사람과 전혀 소통이 이뤄지지 않았던 것이다. 게다가 영어를 한 마디도 하지 못하는 바람에 소통이 되질 않았다. 파란 하늘과 어우러진 우르미에 호수는 이미 스쳐 갔고 지금 내 옆자리엔 거구의 택시기사가 인상을 쓰고 있을 뿐이었다. 어이가 없으면서도 화가 났다.

언어의 장벽은 높았다. 소통할 수 없다는 것은 답답함은 기본이고 더 이상의 어떤 진행도 가능하지 않다는 것을 의미했다. 결국 택시기사는 어디론가 전화했고, 내게 전화기를 건넸다. 통역서비스를 해주는 콜센터 같았다. 부드러운 목소리의 통역사는 내 의견과 택시기사 의견을 번갈아 전달했지만 서로의 입장이 너무 달랐다. 결국 다시 타브리즈로 돌아가는 걸로 결론을 내렸고, 가는 길에 호수

마음에 평화를 가져다주었던 우르미에 소금호수

에서 잠시 쉬었다 가는 것으로 마무리되었다. 불편한 기운이 가득한 택시는 다시 출발했고, 얼마 후 아까 내 시선을 빼앗던 그곳에 멈추었다.

우르미에 소금호수는 복잡하고 답답했던 마음을 한꺼번에 비우라는 듯 아름다운 모습 그대로 기다려주었다. 다행스럽게도 파란 하늘이 조금 남아 있었다. 볼리비아 우유니 소금사막과는 다른 느낌이겠지만 충분히 아름다웠다. 물결조차 일지 않는 고요한 소금호수에는 하늘도, 산도 담겨 있었다. 한 걸음 다가서 보니 나도 그곳에 담겨 있었다. 이런 곳을 눈으로 보고 있다는 게 실감 나지 않았다. 30분 전에 화를 내고 답답해했던 그 모습들은 이미 사라지고 없었다. 이렇게 좋은 곳에 오기 위해서 마음고생이 심했나 보다. 한참을 사진 찍는 일에 빠져 있다가 다시금 두 눈으로 풍경을 한없이 담아보았다. 오늘 하루 중 처음으로 얼굴에 미소가 지어졌다. 여행은 정말 한 치 앞도 알 수가 없다. 기대와 설렘으로 가득한 마음속에 실망과 답답함이 밀려들 수도 있고, 다시금 유쾌함이 찾아들 수도 있다. 그것이 여행의 현실이고, 여행의 매력이기도 하니까.

슬리퍼를 끌며 이스파한을 돌아다니다

국경 도시 타브리즈를 떠나 수도 테헤란을 거쳐 바로 이스파한으로 왔다. 우르미에 택시 사건 이후로 흥이 좀 식긴 했나 보다. 별 기대 없이 슬리퍼를 끌고 이맘광장으로 나갔다. 이맘광장은 이스파한의 랜드마크이자 여행자들이 한 번은 거쳐 간다는 곳이다. 하지만 흐린 날씨와 텅 빈 광장은 살짝 실망스러웠다. 내가 뭘 기대하고 왔을까? 다른 누군가의 좋았던 경험을 듣고 생긴 기대감이 만든 위험성을 깨닫는 순간이었다. 나도 그 이야기처럼 좋은 사람을 만나고 좋은 일이 있을 거라는 막연한 기대가 현실로 이뤄진다는 보장은 없으니까 말이다.

어떤 여행자는 이곳에서 자유롭게 사람들과 어울리며 좋은 사진을 많이 찍었다고 한다.

어떤 여행자는 한국어를 배우는 학생들을 만나 함께 즐거운 추억을 만들었다고 한다.

어떤 여행자는 텅 빈 광장에서 서성거리다가 따뜻한 차 한 잔이 그리워 곧 떠났다고 한다.

그것이 여행이다. 같은 여행지라 하더라도 어떤 일을 겪을지 누구도 알 수 없다. 나에게 이맘광장은 세 번째 경우였고, 누군가에는 특별한 첫 번째 또는 두 번째였을 것이다. 여행의 씁쓸한 현실이지만 이 상황을 받아들이는 것 또한 여행자의 숙명인 셈이다.

빛이 찾아든 이맘모스크 내부 모습

따스한 오후 햇살 속에서 독서 중인 여인

야즈드로 가는 버스 안에서 이란에 대해서 생각해 봤다. 압바스 키아로스타미 감독이 만든 영화 속의 따뜻하고 인간적인 그림은 현실에는 존재하지 않았다. 내가 다니는 대도시나 명소에서 그런 걸 기대한다는 것 자체가 코미디인지도 모른다. 드넓은 이란 땅에서 여행자가 갈 수 있는 곳은 극히 일부일 뿐이다. 기대치를 낮추고 그저 새로운 세계로 한 발 한 발 나간다는 마음으로 여행에 임해야 한다. 현실을 살아가는 그들의 일상으로 찾아 들어가는 낯선 여행자일 뿐인 것이다.

여행 온도계는 변화가 많은 법이다. 우르미에 소금호수에 가기 위해 거구의 택시기사와 싸울 때에는 온도계가 영하까지 내려가 바닥을 찍었다. 이스파한에서는 무난한 여정으로 간신히 0도까지 끌어올렸다. 야즈드부터는 따뜻함 속에서 즐겁게 여행할 수 있을 것만 같은 기대감이 들었다. 창밖으로는 이란 특유의 황량한 대지가 펼쳐져 있었고, 파란 하늘은 흙빛과 대비되어 더욱 빛이 났다.

숙소를 벗어나 근처에 있는 자메모스크로 갔다. 모스크는 종교적인 공간이지만 여행자들에게 언제나 열려 있었고 인상적인 볼거리를 주곤 한다. 이란에 있는 모스크의 특징이라면 파란 타일로 아름답게 장식되어 있다는 것이다. 드넓은 벽에 타일 조각으로 문양이 만들어지고 그것들이 어우러져 아름다운 색감을 이뤄낸다. 푸르게 빛나는 모스크 외벽을 보고 있노라면 짧은 감탄사가 연달아 터져 나온다.

자메모스크를 벗어나면 야즈드 특유의 좁은 길이 나온다. 흙빛 골목길에는 기나긴 세월의 흔적이 남아 있었고, 이란 사람들의 일상이 머무는 곳이었다. 사이사이 만나는 사람들과는 반갑게 인사를 주고받았고 미소를 나누었다. 그러다가 세 남자와 이야기를 나누게 되었는데 대학에서 학생을 가르치는 선생님과 가족이었다. 가벼운 웃음이 머무는 유쾌한 담소였다. 어르신 두 분도 어찌나 살갑게 이야기해주시던지 따뜻한 마음을 느낄 수 있는 시간이었다.

아름다운 흙빛으로 물든 야즈드는 인상적이면서도 편안한 곳이었다. 친절한 사람들이 있었고, 인상적인 볼거리와 소소한 재미가 어우러져 여행 온도계는 수직 상승 중이었다.

야즈드의 좁은 골목에서 만난 좋은 사람들

이탈리아

ITALY

상상과 현실 사이

영화 속 장면에 서 있는 상상을 해 보곤 한다. 〈로마의 휴일〉에 나왔던 트레비분수, 〈글래디에이터〉에 나왔던 콜로세움, 〈냉정과 열정 사이〉에 나왔던 피렌체 두오모까지… 여행은 상상과 현실 사이의 거리를 좁히는 멋진 선물이다. 상상만 했던 일이 현실이 되었을 때 얼굴 가득 퍼지는 미소를 보며 느낄 수 있다. 이것이 진짜 행복이구나!

　　드디어 유럽이다. 20대 때 그렇게 와보고 싶었던 곳에 서 있다는
사실이 믿기지 않았다. 얼떨떨한 기분으로 로마의 거리를 누비고
있는 얼굴은 상기되었다. 뭘 봐야겠다, 뭘 해야겠다는 계획도 없이
그저 발걸음이 닿는 대로 무작정 걸으며 로마의 향기를 느끼고 싶
었다. 영화 〈글래디에이터〉를 보면서 콜로세움에 가면 어떤 감정
이 들까 궁금했었는데 간밤에 야경으로 만난 감동은 엄청났다.

　　로마의 매력은 조금만 걷다 보면 금세 유명한 건축물이나 유적
지를 만날 수 있다는 것이다. 판테온을 지나 산탄젤로성으로 가면

영화에서 보던 곳을 직접 보는 즐거움을 안겨준 콜로세움

서도 아직까지 실감은 나지 않았다. 이탈리아 여행책에서 보았던 사진 속 풍경들을 하나둘 지나칠 때마다 내가 로마에 오긴 왔구나 하는 생각만 들 뿐이었다. 많은 사람들이 겨울의 로마 안에서 사진과 미소로 추억을 담고 있었다. 걷다 보니 오늘의 종착지인 바티칸 시국에 도착했다. 로마 안의 또 다른 세상이 기다리고 있었다.

바티칸의 핵심은 산 피에트로 대성당과 바티칸 미술관이다. 한 걸음 한 걸음 조심스럽게 산 피에트로 대성당 안으로 들어서는 순간, 나는 압도되고 말았다. 무언가가 말문을 막아버린 듯 감탄사도 나오지 않았고, 머리를 한 대 맞은 듯 멍하면서도 벅찬 순간이었다. 엄청난 규모와 내부를 채우고 있는 성스러운 기운이 그렇게 만들었다. 이곳은 예수의 죽음과 관련된 많은 증거물과 이야기가 있는 곳이었다. 종교가 없는 내가 느끼는 감흥이 이 정도인데 믿음이 있는 사람들이 온다면 형언하기 힘든 감정의 폭풍에 빠질 것 같았다. 돔으로 된 천장과 벽화 그리고 섬세하게 조각된 작품들까지 많은 공을 들인 흔적이 곳곳에 묻어있어서 진한 여운을 남기는 곳이었다.

성당의 꼭대기인 쿠폴라에 올라가서 바라보는 풍경은 아름다웠다. 12월의 상쾌하고 찬 공기가 눈을 맑게 했다. 저 멀리 서녘 하늘은 붉게 물들고 있었고, 일몰에 물든 바티칸은 그 자체로 하나의 그림이었다. 20대에 오지 못한 한이 풀리는 기분 때문이었는지 지금 이 순간, 부러울 것이 없었다.

산 피에트로 대성당 쿠폴라에서 바라본 바티칸 전경

로마 테르미니역을 출발한 기차는 느릿느릿 달려 피렌체에 도착
했다. 저렴한 티켓으로 느리게 이동하니 돈은 채워지고 시간은 비
워졌다. 비가 살짝 흩뿌리는 피렌체의 느낌은 차분하고 평화로웠
다. 비 오는 유럽의 겨울은 장기 여행자에게는 외로움을 느끼게 한
다. 그나마 한인 민박에서 사람들과 소통하면서 조금은 처진 마음
을 달랠 수 있었다.

시간이 흐르고 피렌체에서의 여유로운 하루가 시작되었지만 어
제보다 더 굵은 비가 쏟아졌다. 오늘의 첫 발걸음은 우피치 미술관
이었다. 유럽에서는 나라별로 미술관에 한 번씩 가보자는 생각이었
는데 첫 번째 미션 장소가 그곳이었다.

3시간 정도 보티첼리의 그림에 빠져 있다가 미술관 뒤편으로 나
와 베키오다리 쪽으로 한 바퀴 거닐었다. 여전히 비는 내리고 있었
지만 우산 아래서 홀로 걷는 기분이 꽤 괜찮았다. 영화 〈냉정과 열
정 사이〉 덕분에 더욱 유명세를 치르게 된 두오모 성당으로 향했
다. 두오모 성당 안을 한 바퀴 돌고 쿠폴라로 가는 계단에 올라섰
다. 좁은 계단이어서 걸음을 내딛기가 쉽지 않았지만 한참 가다 보
니 정상에 다다를 수 있었다. 그런데 나를 기다리고 있는 것은 아름
다운 풍경만이 아니었다. 차가운 비바람도 날 기다렸는지 매섭게
몰아쳤다. 우산이 뒤집히고 온몸은 비로 젖어 들었다. 그 와중에도

시뇨리아광장의 넵투누스분수

붉은 지붕으로 가득한 피렌체의 풍경은 눈을 즐겁게 했다.

마침 이어폰에서는 전람회의 '기억의 습작'이 흘러나왔다. 여행지의 감상에 젖기에 딱 좋은 노래였다. 살면서 그런 생각을 한 적이 많았다. 그때로 돌아가면 더 잘할 수 있을까? 다시 가서 새롭게 시작하면 더 멋지게 살 수 있을까? 한참을 그런 생각에 잠기다 정신을 차리면 헛헛한 마음에 가슴이 시리곤 했다. 돌아갈 수 없기에 더욱 아련하고 애틋한 그 시절을 생각하며 살며시 눈을 뜨고 피렌체의 흐린 풍경을 가슴에 담았다.

피렌체 두오모에서 바라본 풍경

야속하게도 유럽 일정이 너무 짧다. 겨울이라는 점, 여행 경비가 넉넉하지 않다는 점 때문에 최대한 빨리 보고 지나가는 식으로 진행 중이었다. 아쉬울 걸 알면서도 그렇게 할 수밖에 없는 것이 현실이었다. 여행의 그림을 선택하고 결정하는 것은 오롯이 내게 달려 있기 때문에 거기에서 오는 아쉬움과 미련도 받아들여야만 한다. 오후에 도착해 베니스를 살짝 맛만 보고 밤 비행기로 프랑스 파리로 가야 하는 안타까운 상황을 받아들이기로 했다.

베니스에서 가장 보고 싶은 것은 본섬에서 40분 정도 떨어진 곳에 위치한 부라노섬이었다. 가수 아이유의 '하루 끝' 뮤직비디오 촬영지로 여행자들에게 알려진 곳이기도 했다. 이탈리아에서 멋진 사진을 찍기 위해 가고 싶은 여행지가 세 군데 있었다. 남부의 아말피는 일정 때문에, 북서부의 친퀘테레는 기차 파업 때문에 포기해야만 했다. 그렇다면 마지막 하나 남은 부라노섬은 어떻게든 갔다 와야 이탈리아를 떠날 수 있을 것 같았다.

가볍게 늦은 점심을 때우고 배를 탈 수 있는 곳으로 잽싸게 이동했다. 표를 끊고 선착장으로 들어서려는 순간 느낌이 싸하면서 휑한 기분이었다. 눈앞에서 조금씩 멀어지고 있는 배가 내가 타야 할 부라노행이었다. 허탈한 웃음을 지으며 30분을 더 기다려 오후 4시가 넘어서야 부라노섬으로 갈 수 있었다. 베니스의 겨울은 유독 해

기대 이상의 멋진 풍경을 선물해준 부라노섬

가 짧았다. 배 위에서 바라본 석양은 정말 아름다웠다. 붉게 물든
베니스를 이곳에서 보게 될 줄이야.

결국 어스름이 찾아들 무렵에야 부라노섬에 도착했다. 아이유의
미소와 어우러진 알록달록한 그곳은 어딜까 하며 아무리 둘러보아
도 어둠으로 채워진 골목만 보일 뿐이었다. 터벅터벅 섬 안을 배회
하고 다니다가 수로 쪽으로 나가 드디어 영상 속에 나왔던 다리 위에
올라섰다. 그런데 그 순간 집집마다 조명이 들어오고 있었다. 스며드
는 어둠과 밝아지는 조명 그리고 하늘에 걸린 노을까지 어우러진 마
을은 더욱 신비롭고 아름답게 빛나기 시작했다. 오늘따라 일찍 찾아
온 달도 이 풍경에 어우러져 더욱 독특한 장면을 만들어내고 있었다.

여행은 뜻하지 않은 순간에 숨겨진 모습으로 여행자를 감동시킨
다. 지금 이 순간이 그랬다. 부라노섬의 깜짝 선물 덕분에 기분 좋
게 이탈리아를 떠날 수 있을 것 같았다. 그리고 다짐했다. 언젠가
사랑하는 사람과 다시 이곳에 와서 더 여유롭게, 더 로맨틱하게 그
순간을 즐기겠노라고 말이다.

프랑스

FRANCE

기억과 추억

모든 기억을 추억처럼 간직하고 살 수는 없다. 행복하고 소중한 추억
을 만들어가면서 잊고 싶은 기억을 지울 수도 있다. 여행자로 살다 보
면 다양한 여행지에서 많은 추억을 쌓기도 하지만 일상에서 동떨어진
공간에서 잊고 싶은 과거의 기억이 사라지기도 한다. 어쩌면 사라지
길 바라는 것일지도 모르겠다.

간밤에 파리에 늦게 도착하는 바람에 샤를드골공항에서 노숙을 했다. 찌뿌둥한 몸을 이끌고 일단 숙소로 향했다. 짐을 부리고 나서도 도저히 나갈 의욕이 생기지 않았다. 어제 공항이 춥긴 추웠나 보다. 몸이 으슬으슬 떨리는 게 컨디션이 영 아니었다. 하지만 파리의 하루를 이렇게 보낼 수만은 없었기에 무거운 몸을 이끌고 거리로 나섰다.

한참을 걷다 보니 건물 사이로 살짝살짝 거대한 철탑이 보이기 시작했다. 점점 발걸음이 빨라졌다. 그동안 사진이나 영상으로 너무 많이 접해서 아무런 감흥이 없을 줄 알았는데 그게 아니었다. 하늘로 솟은 거대한 철탑 아래까지 갔을 때는 직접 두 눈으로 보고 있다는 사실 때문에 더욱 흥분으로 달아올랐다. 해 질 무렵이 되니 에펠탑은 구석구석 밝은 빛으로 채워지기 시작했고 이내 화려한 조명으로 파리의 밤을 물들였다. 낮에 만난 까만 철탑과는 또 다른 느낌의 놀라움과 아름다움이었다. 사진을 찍으며 멍하니 에펠탑을 바라보고 있는데 어디선가 여자의 목소리가 들렸다.

"저기요… 혹시 한국분이세요?"

"네? 아… 네. 안녕하세요."

"안녕하세요. 혹시 사진 한 장만 찍어줄 수 있으세요."

"네? 그… 그럼요."

나는 누가 봐도 한국 사람처럼 생겼던 게 분명했다. 눈앞에는 아리따운 한국 여자분이 서 있었다. 단아한 인상에 나긋나긋한 목소리가 매력적인 분이었다. 사진을 찍어준 인연으로 그날 저녁은 잠깐이나마 그분과 함께 시간을 보낼 수 있었다. 샹제리제 거리를 걷다가 크리스마스마켓이 열린 곳에 가서 따뜻하게 끓인 와인인 뱅쇼를 나눠 마시며 소소한 추억을 만들었다.

역시 파리의 밤은 낮보다 아름다웠다. 2시간 정도 파리 시내를 거니는 동안 배시시 웃음이 흘러나왔다. 하지만 행복한 시간은 그리 길게 이어지지 않았다. 이제 숙소로 돌아갈 시간이 되었다. 다음을 기약하기에는 너무나 다른 색깔의 여행을 하고 있었기에 따로 연락처도 주고받지 않았다. 아쉬운 마음이 밀려들어 발걸음을 돌리기가 쉽지 않았지만 억지로 끼워서 맞출 퍼즐이 아니었다. 외로운 여행자에게 잠시나마 따뜻했던 시간은 파도처럼 밀려왔다가 소리 없이 저물고 있었다.

세느강 너머의 에펠탑은 흑백 감성이 더 어울렸다

아무것도 하기 싫지만 고흐는 만나야 하잖아

　여행은 여행이고, 현실은 현실이다. 가끔은 여행자로서 딜레마에 빠지기도 한다. 여러 가지 일과 생각으로 아무것도 하기 싫은 그런 날이 있다. 하지만 주어진 일정이 있고, 곧 떠나야 한다는 압박 때문에 억지로 몸을 일으킬 때도 있다. 오늘이 내게는 그런 날이었다. 파리에서 주어진 시간은 단 하루였기에 오르세 미술관에 가야만 했다. 그곳에서 빈센트 반 고흐를 만나야만 하니까.

　오르세 미술관에 도착해 2층에 있는 고흐 전시실에서 한동안 말을 잃었다. 그냥 넋을 놓고 바라보기만 했다. 거친 질감으로 투박하게 캔버스를 채운 다양한 색감들. 그것이 어우러져서 누구도 흉내내지 못할 독특한 작품세계를 만들어냈다. 프랑스 남부 도시 아를

고흐의 작품을 비롯해 아름다운 작품이 엄청나게 많은 오르세미술관

에서 그린 〈아를의 별이 빛나는 밤〉은 정말 최고였다. 그냥 그림일 수도 있지만 오늘만큼은 내게 큰 위로가 되었고 힘을 주었다. 짧은 시간이었지만 가슴속에 인상적인 그림 한 폭 담고 조금은 가볍게 나설 수 있었다.

이제 프랑스의 마지막 여정인 몽생미셸이 기다리고 있다. 파리를 떠나 노르망디해변이 있는 서쪽을 향해 4시간을 달리면 갯벌 위에 우뚝 솟은 몽생미셸 수도원을 만날 수 있다. 아침부터 날이 흐린 듯하더니 비가 내리기 시작했다, 겨울이어서 그런 건지, 비 때문인지 웅장한 건물이 쓸쓸하게만 느껴졌다. 수도원 구석구석을 말없이 걷다가 바깥으로 나와 보니 드넓은 갯벌이 펼쳐져 있었다. 그 사이를 가로지르며 길을 만드는 바닷물과 그 너머로 저무는 해를 보니 답답하던 가슴이 뻥 뚫린 듯 시원해졌다. 프랑스여행을 하면 파리에 머물기에도 부족한 게 맞지만 그래도 몽생미셸은 꼭 가보라는 이야기를 해주고 싶은 순간이었다.

어둠을 밝히는 갯벌 위의 수도원 몽생미셸

스페인

SPAIN

다르니까

누군가가 나보다 잘나거나 뛰어나야만 배울 수 있는 것은 아니다. 여행을 하면서 수많은 사람들을 만나고 이야기를 나누게 된다. 그 속에서 서로가 다름을 확인하고 인정하면서 조금씩 마음은 열리고 경계의 벽은 낮아진다. 여행의 시간이 길어질수록 점점 더 배우고 성장하고 있다는 사실에 새삼 놀라기도 한다. 나와 다르기 때문에 배울 수 있다는 사실을 이제야 깨닫고 있다.

　　　　　　　　　　바르셀로나에는 가우디가 살아있다

　　건축을 예술로 승화시킨 스페인의 거장, 가우디. 오늘은 가우디가 남긴 예술의 흔적을 찾아 바르셀로나를 누빌 생각이다. 간단하게 아침을 먹고 느지막이 구엘공원으로 가는 지하철에 올랐다. 가우디의 든든한 후원자였던 구엘의 이름을 붙인 곳인데 가는 내내 기대감으로 들떴다. 가우디의 세계는 역시 사진으로 보는 것과는 분명 감흥이 달랐다. 그가 담고 싶었던 자연을 자신만의 방식으로 바르셀로나 곳곳에 담아냈다. 구엘공원은 모자이크와 곡선 그리고 파격적인 디자인들로 가득한 곳이어서 혼자 보기 아까울 만큼 매력이 넘치는 곳이었다.

　　구엘공원의 여운을 안고 사그라다파밀리아 성당으로 향했다. 여행을 하면 새로운 장소에 대한 기대치가 생긴다. 그 기대감이 여행을 떠나게 만드는 동기부여 역할을 한다. 대신 기대치가 높게 잡혔을 때는 실망감이라는 또 다른 결과를 가져오기도 한다. 기대감은 마음껏 갖는 것이 좋고, 기대치는 너무 높지 않게 잡는 것이 현명하다.

　　하지만 가우디만큼은 그런 생각들을 의미 없게 만드는 힘이 있었다. 특히 사그라다파밀리아 성당은 독특한 아름다움에서 뿜어져 나오는 위엄이 있었다. 한참을 우러러보게 만드는 웅장하고 아름다운 건축물이었다. 외부에 어우러진 조각과 무늬조차 기존의 틀을 부숴

독창적인 아름다움으로 채워진 구엘공원

버린 파격, 또 파격이었다. 하나의 거대한 예술 작품을 보는 것 같았
다. 바티칸의 성베드로대성당이 종교적인 색깔로 성스럽고 묵직하
게 다가왔다면 사그라다파밀리아 성당은 독창적인 아름다움으로
특별하게 다가왔다. 성당을 벗어나 거리를 거닐며 찾아간 까사밀라
와 까사바트요 역시 가우디의 존재감을 느낄 수 있게 해주었다. 그
는 지금 없지만 바르셀로나 곳곳에는 여전히 가우디가 살아있었다.

　유학생이나 장기 여행자들의 공통점은 특별한 날을 해외에서 보
낸다는 것이다. 여행 초반에 맞은 추석은 네팔에서 보냈고, 크리스

마스는 스페인에서 보내게 됐다. 아마 설날은 아프리카에서 맞이하지 않을까 싶다. 오늘은 크리스마스이브다. 하지만 호스텔이나 거리의 풍경은 썰렁했다. 크리스마스를 앞두고 엄청나게 들뜬 분위기는 막상 크리스마스가 되면서 잠잠해졌다. 이곳에서 크리스마스는 우리의 추석이나 설날과 같은 큰 명절이라 가족과 보내는 분위기여서 더욱 그럴 것이다.

조금 무료하고 적적할 무렵 호스텔에서 크리스마스 파티가 열렸다. 2층에는 이미 많은 친구들이 술을 쌓아놓고 파티를 즐기고 있었다. 거기에 한국인 친구들도 대여섯 명이 어울려 본격적인 파티가 시작되었다. 한국어와 영어가 난무하는 정신없는 밤이었다. 춤을 추고 노래를 부르며 치어스를 외쳤다. 사실 이런 분위기의 크리스마스 파티는 처음 접해본 문화였다. 오늘 같은 밤에 혼자였다면 많이 외로웠을 것이다. 이국땅에서 서로의 외로움과 흥겨움을 공유하면서 즐기는 밤이라서 참 다행이었다. 다들 원해서 떠나왔지만 고향이 그립고 가족이 그리운 밤이기에 더욱 서로의 흥에 기대어 이 시간을 함께 보내고 있는지도 모를 일이었다.

소박하지만 흥겹게, 소소하지만 뜨겁게 즐기는 크리스마스 파티

나는 남자 복이 참 많다. 남중을 졸업하고 이어서 남고로 진학해 무사히 졸업했다. 대학시절에도 여자 후배보다는 남자 후배들과 더 친했고, 학교에서 아이들을 가르칠 때도 여학생보다는 남학생이 더 따랐다. 유럽에는 여자 여행자가 그리 많다더니, 내게는 딴 세상 이야기였다.

마드리드에서 톨레도로 가는 버스에 탔다. 뒤이어 많은 여행자들이 올랐다. 여자가 대부분이었고 남자는 딱 한 명이었다. 창가를 바라보고 딴청을 피우고 있는데 그 남자가 두리번거리다가 내 옆자리에 앉았다. 나는 오늘도 결국 남자와 함께다.

"니하오! 워쓰 한궈런."

"아유 코리언? 아임 차이니즈 어메리칸!"

반은 맞았다. 중국인이라고 생각하고 인사를 했더니 영어로 답이 왔다. 어찌 됐든 이것도 인연인데 옆자리에 앉은 중국계 미국인 친구와 함께 톨레도로 가게 되었다. 버스가 출발하고 점점 더 안개 속으로 들어갔다. 구름이 살짝 끼는 날씨만 확인했지 이렇게 심한 안개가 낄 줄은 몰랐다. 김승옥의 『무진기행』이 생각날 정도로 한 치 앞도 예측할 수 없는 길이었다. 톨레도에 도착하니 여전히 짙은 안개 속이었다. 어리바리한 두 남자는 어디서 버스를 타야 하는지 헤매다가 두 여인의 도움을 받았다. 마드리드 출신의 스페인 여자

분들은 자세하게 길도 알려주고 여행안내소 방향까지 잡아주었다. 친절하고 아름다운 세뇨리따, 무차스 그라씨아스!

　톨레도의 골목을 거니는 것은 꽤나 신나는 일이었다. 아기자기한 기념품을 파는 가게도 많고, 맛깔스러운 음식을 파는 식당도 많았다. 안개 속의 톨레도는 신비롭고 오묘한 분위기를 뿜어냈다. 오랜 시간 스페인의 수도였기에 과거의 고풍스러운 흔적을 고스란히 담고 있었다. 한참 골목을 헤매다 보니 안개는 사라지고 파란 하늘이 모습을 드러냈다. 다행히 맑은 톨레도를 살짝 맛보고 마드리드로 돌아올 수 있었다.

　다음 날 햇살 좋은 아침 공기를 마시며 세고비아로 향했다. 톨레도가 마드리드 남쪽으로 1시간이라면 세고비아는 북쪽으로 1시간이다. 오늘만큼은 여행자가 아니라 사진작가가 되어서 미친 듯이

톨레도 골목을 거닐다가 만난 햇살 가득한 풍경

로마 시대의 토목 공학 기술을 잘 보여주는 세고비아 수도교

서터를 눌러볼 생각이었다. 백설공주의 배경이 되었다는 알카사르 성, 화려한 외관이 인상적인 대성당, 웅장한 규모로 뻗어 있는 로마 수도교, 골목 사이사이 예쁘게 자리 잡은 집들까지 찍을 거리가 넘쳐서 행복한 세고비아였다. 그리고 여행자들의 싱그러운 표정과 여유로운 미소가 더욱 편안한 분위기를 만들어주는 곳이었다.

사람들 관계처럼 여행지도 여행자와 케미가 있다. 내게는 안개 속의 톨레도보다는 햇살 속의 세고비아가 딱이었다. 온종일 서터를 무한 개방하고 마음껏 눌러대다 보니 어떻게 시간이 가는지 모를 정도로 행복한 시간이었다. 이제 슬슬 마드리드로 돌아갈 때가 되었다. 프라도미술관이 있는 마드리드도 매력적이었지만 근교의 톨레도와 세고비아를 놓치지 않아 참 다행이었다. 이럴 때 항상 드는 생각이 있다. 어휴~ 여기 안 왔으면 어쩔 뻔했어! 뿌듯한 마음으로 스페인 여행을 마무리하고 이제 포르투갈로 떠날 시간이었다.

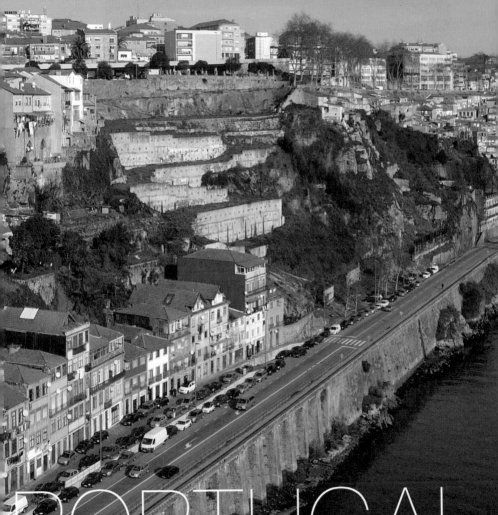

포르투갈

PORTUGAL

끝과 시작

시작이 있으면 끝이 있고, 끝이 났으면 다시 시작이라는 것을 여정 속
에서 온몸으로 느끼게 된다. 유라시아 대륙의 서쪽 끝에서 바다가 시
작된다는 말처럼 여행의 발걸음은 끝나는 곳에서 다시 새로운 곳으로
이어지고 있는 것이다. 스스로 끝이라고 하기 전까지 우리의 삶도 여
행도 계속 이어지기에 멈추고 싶을 땐 잠시 쉬었다가 다시 이어가면
된다.

눈 떠 보니 포르투갈 리스본이다. 지난밤 마드리드에서 출발하는 야간버스를 타고 국경을 넘어왔다. 사실 국경을 넘는다는 말이 유로존 안에서는 큰 의미가 없다. 따로 스탬프를 찍는 것도 아니고 통과 절차가 있는 것도 아니다. 그냥 지나다닐 수 있어서 편하면서도 너무 쉬워서 싱겁기도 하다. 여권의 빈칸에 방문한 나라의 스탬프를 모으는 것도 여행자에겐 큰 즐거움 중 하나인데 말이다. 그나저나 밤샘 버스는 언제나 노곤함을 온몸에 남겨준다. 오늘따라 유난히 배낭이 무겁게만 느껴졌다.

포르투갈 호스텔이 좋다는 말은 익히 들었지만 안에 들어가 보니 실내 인테리어, 침대, 분위기, 친절한 스텝까지 정말 최고였다. 일찍 도착한 여행자를 위해서 아침 식사도 공짜로 먹게 해주는 배려는 훈훈하기까지 했다. 벌써 포르투갈이 마음에 들었다.

15번 트램을 타고 벨렘지구로 향했다. 트램은 꽤나 매력적인 교통수단이다. 빠르지 않아서 풍경 보기에도 좋고, 비싸지 않아 여기저기 쏘다니는 재미가 있었다. 얼마를 달렸을까. 저 멀리 제로니무스 수도원이 보였다. 일단 내려서 에그타르트를 파는 빵집으로 갔다. 에그타르트는 마카오나 홍콩도 유명하지만 포르투갈이 원조다. 아주 오래전 수도사들이 만들어 먹던 음식이 마카오가 식민지였을 때 퍼져나갔고 지금까지 이어지고 있다.

해 질 무렵의 발견기념탑과 무료로 개방하는 현대미술관은 벨렘 지구의 매력을 더욱 높여주었고, 조명이 어우러진 제로니무스 수도원 야경은 이곳의 아름다움을 제대로 보여주고 있었다. 포르투갈의 첫날, 만족감과 즐거움이 기대 이상이었다. 스페인과 비슷하면서도 뭔가 다른 매력이 있는 곳임에 분명했다.

우리나라에서 서쪽으로 직선을 그었을 때 가장 멀리 있는 유라시아 대륙의 끝에 호카곶이 있다. 기차를 타고, 다시 버스를 타고 한가로운 풍경을 보며 계속해서 달리면 호카곶에 갈 수 있다. Cabo da Roka 대서양을 만나는 대륙의 끝이자, 육지가 끝나고 바다가 시작되는 곳이다.

4개월. 대한민국을 떠나 이곳까지 오는 데 참 오랜 시간이 걸렸다. 세계일주 여정의 3분의 1이 끝나가는 시점에 난 이곳에 서 있다. 많은 사람을 만났고, 많은 추억이 쌓였다. 그 모든 것들이 빠르게 스쳐 가면서 바다를 바라보는 눈시울은 붉어졌다. 거칠게 몰아치는 비바람을 온몸으로 느끼고 있었다. 무사히 여기까지 왔다는 것 자체가 정말 감사한 일이었고 충분히 감격스러운 순간이었다. 남은 여정도 아무 탈 없이 건강하고 즐겁게 이어지기를 바라며 다시 리스본으로 돌아가는 버스에 올랐다.

저녁이 되면 더욱 아름답게 빛나는 제로니무스 수도원

붉은 지붕의 등대가 대서양을 마주하고 있는 호카곶

이래저래 삶을 살다 보니 우리 인생에서 특별함과 평범함 모두가 쉽지 않다는 것을 깊이 느끼게 된다. 다른 길을 가는 두 마리 토끼처럼 둘 다 손에 꼭 잡고 있기가 쉽지 않은 것이다. 우리의 인생은 그리 너그러운 편이 아니라서 모든 것을 허락하지는 않는다. 특별함을 잡기 위해서는 손에 쥐고 있는 평범함을 잠시 놓아야만 한다. 그 특별함은 불안함을 동반하기에 쉽사리 손을 뻗지 못한다. 그래서 우리는 선택을 하며 살아가고 그 선택의 결과에 책임을 지며 살아가는 것이다. 지금 난 세계일주라는 특별함을 선택했고, 일상의 평범함을 놓칠 수 있다는 불안함도 함께 안고 있다. 그러다 보니 가끔씩 평범함에 대한 그리움과 욕심이 밀려드는 것을 막을 수는 없다. 그저 내가 선택한 이 길에서 최선을 다해 열심히 달리고 또 달릴 뿐이다.

원래의 계획대로라면 오늘 스페인 세비야로 가서 모로코로 가기 위한 준비를 했을 것이다. 하지만 여행은 꼭 계획대로 진행되지는 않는다. 매력이 가득한 포르투갈은 날 그냥 보내주지 않았다. 자꾸만 더 머물고 싶게 만들었다. 그래서 포르투갈 북부의 멋진 도시인 포르투로 가는 버스에 오르는 선택을 했다. 그 선택의 결과가 어떨는지는 아무도 모른다.

결론적으로 카메라 셔터가 다시 한번 무한 해제되는 상황이 펼

붉은색 지붕이 인상적인 포르투

쳐졌다. 그만큼 포르투는 미친 듯이 아름다웠다. 발길 닿는 곳마다 눈길 가는 곳마다 렌즈에 담고 싶은 욕심이 샘솟았다. 특히 도우루 강변이 인상적이었다. 에펠탑을 만든 에펠의 제자가 만들었다는 동루이스 다리가 정점이었다. 밤에는 화려한 조명과 어우러져서 포르투를 더욱 로맨틱하게 빛내주기까지 했다. 붉은 지붕이 가득한 포르투 시내의 집들은 고풍스러운 과거의 모습을 잘 보여주고 있어서 더욱 매력적이었다.

　도우루강 건너편에는 포르투 와인을 생산하는 와이너리가 자리 잡고 있는데 저렴하게 와인을 마음껏 즐길 수 있다. 와인에 '와' 자도 몰랐는데 자연스럽게 한 모금씩 홀짝거리는 내 모습에 어이없는 웃음이 났다. 그 웃음은 행복에서 묻어나오는 것이 분명했다. 여행을 하면 가장 자주 하는 말이 '여기 안 왔으면 어쩔 뻔했어!'다. 여행이 주는 에너지와 행복의 기운이 점점 더 온몸에 퍼지고 있었다. 그래서 이 여행을 멈출 수가 없다.

영국

UNITED
KINGDOM

여행 = 행복(?) 공식

여행은 행복을 보장해줄까?
여행과 행복은 정말 맞닿아 있는 걸까?

여행과 행복이 100% 일치한다고 볼 수는 없다. 하지만 분명 여행은 행복과 가까이 있다. 여행을 하면서 일상을 벗어나 휴식을 취하고, 새로운 세상에서 에너지를 얻는다. 때로는 힘겹기도 하고, 때로는 외롭기도 하지만 그 모든 과정이 인생의 특별한 경험으로 쌓인다. 여행에서 우리는 지난날과 일상을 돌아보며 자신의 삶에 대한 생각을 할 수도 있고, 앞으로 살아가야 할 방향을 고민해볼 수도 있다.

그 고민 끝에 나온 결론이 세상이 정해놓은 행복의 기준대로 살 것인가, 스스로 행복의 기준을 정해 살아볼 것인가에 대한 답일 수도 있다. 여행은 행복에 대해 진지하게 돌아보고 또 다가설 수 있는 좋은 기회가 될 수 있다.

영국 그리니치 표준 시간대가 알리는 런던 오후 2시. 나라가 바뀔 때마다 밀려드는 피로구덩이에서 헤어 나와 간신히 발걸음을 뗐다. 트라팔가광장에 맞닿아 있는 내셔널갤러리 입장료는 무료다. 그리고 한국어로 된 안내도와 오디오가이드가 있는데 괜스레 뿌듯했다. 내셔널갤러리의 소개 문구에는 이탈리아 우피치미술관, 스페인 프라도미술관, 영국 내셔널갤러리를 묶어 유럽의 3대 미술관이라고 나와 있다. 공교롭게도 짧은 유럽 일정 중에 세 곳을 다 보는 호사를 누리는 것 같아 어깨가 으쓱해졌다.

아침부터 내리던 눈은 그치고 비만 살짝 흩날리고 있었다. 궂은 런던의 겨울 날씨를 제대로 맛보는 중이었다. 좀 걷다 보니 야경이 아름다운 런던아이가 눈에 띄었다. 그 뒤로는 사진으로만 보던 빅벤이 웅장하게 자리 잡고 있었다. 두 발로 그 현장에 가서 내 눈으로 담고 또 사진으로 남겨 간직할 수 있다는 것은 언제나 신나는 일이었다. 때마침 비가 그치고, 거짓말처럼 붉은 해가 스윽 얼굴을 내밀었다. 템스강 너머로 펼쳐진 빅벤과 국회의사당의 배경엔 불그스름한 빛깔이 오묘한 구름에 어우러져 환상적인 장면을 만들어냈다. 여행자에게 날씨 운은 참 중요하다. 눈을 보다가, 비를 맞다가 이젠 이렇게 멋진 노을을 두 눈에 담고 있다. 회색빛 런던만 보다 가는 줄 알았는데 참 다행이었다.

런던 현지에서 즐기는 공연은 여행이 주는 또 하나의 선물이다

다리를 건너 웨스트민스터성당을 지나 빅토리아역으로 갔다. 런던에서 혼자 놀기 콘셉트로 꼭 해 보고 싶었던 것이 뮤지컬을 보는 거였다. 〈오페라의 유령〉, 〈맘마미아〉, 〈위키드〉 등 상시 공연하는 작품이 많았지만 난 그중에서 영화로 재밌게 봤던 〈빌리 엘리어트〉를 선택했다. 입장이 마무리되고 맨 앞자리에서 두근두근 공연이 시작되길 기다렸다.

배우들이 등장하고 알아듣지 못하는 영어도 많이 쏟아져 나왔지만 영화를 몇 번 봐서 대충 감으로 내용을 파악할 수 있었다. 다만 배우들이 던지는 유머에서 바로 웃지 못하고 다른 사람들을 따라 웃어야 할 땐 살짝 멋쩍긴 했다.

〈빌리 엘리어트〉를 보다가 '감정선'에 대해서 생각을 했다. 일상에서는 주변의 시선을 신경 쓰기도 하고, 체면을 생각하느라 이래저래 감정선을 감싸고 있는 보호막이 두껍다. 하지만 여행 중에는 그럴 필요가 없다 보니 훨씬 더 본인의 감정에 충실해진다. 그러다 보니 감정선의 보호막이 굉장히 얇아진다. 친절한 사람을 만나 감격해서 마음을 주기도 하고, 아름다운 풍경을 바라보다가 벅차오르는 감정에 울컥하기도 한다. 지나가다가 어느 가족의 모습을 볼 때면 가슴이 먹먹해지고 이미 마음은 고향집에 가 있다. 가족의 사랑과 꿈을 이야기한 〈빌리 엘리어트〉를 보다가 몇 번이나 눈시울이 붉어져서 이런 생각이 든 것 같다. 감동적인 공연과 함께 런던에서의 하루는 의미 있게 채워졌다.

세계일주 준비를 하면서 영국은 가야 할 나라에 포함시키지 않았었다. 하지만 한 장의 사진은 나의 마음을 흔들기에 충분했는데 그게 바로 세븐시스터즈였다. 푸르른 초원을 넘어서면 바다가 나오고 그 바다를 마주 보고 어마어마한 절벽이 있는 사진이었다. 그 절벽은 새하얀 색으로 빛나면서 사람을 압도하기에 충분한 인상적인 풍경을 만들어냈다. 이름이 독특해서 까먹지도 않았다. 일곱 자매들이라니!

런던을 떠난 기차는 남부의 작은 도시 브라이튼에 들어서고 있었다. 주머니를 확인해보니 30파운드 정도 남았다. 웬만한 큰돈은 다 썼으니 내일 아침까지 이걸로 버틸 계획이었다. 역 근처에서 밥을 먹고 가벼운 몸으로 세븐시스터즈로 가는 12번 버스를 타기 위해 정류장으로 향했다. 늑장을 피운 것은 아니었지만 조금 여유를 부리다 시계를 보니 이미 오후 3시였다. 버스 안에서 바라보는 풍경은 아름다웠지만 해는 바다 위로 점점 더 저물어가고 있었다.

세븐시스터즈 입구에 도착해 목장을 가로질러 해변으로 가는 동안 수많은 양과 그들이 싸질러 놓은 똥을 만날 수 있었다. 점점 어두워지는 하늘을 보며 양을 피해, 똥을 피해 정신없이 달리고 또 달렸다. 하지만 거의 닿을 듯한 해변은 생각보다 멀었다. 그러다 언덕길을 가로지르는 내리막길을 잰걸음으로 서두르다가 미끈한 소똥을 밟고 말았다. 그 길로 몇 미터를 엉덩방아를 찧으며 미끄러졌다. 여기저기 쑤신 몸을 일으키고 정신을 차려보니 이미 해는 사라지고 어둠과 정적만이 가득했다.

무거운 발걸음으로 얼마를 더 걸었을까. 드디어 바다가 보이는 해변까지 왔다. 그런데 늦어도 아주 많이 늦었다. 눈앞에는 세븐시스터즈의 일부로 추정되는 절벽의 일부만 담장처럼 서 있었다. 저 뒤로 웅장하고 빛나는 세븐시스터즈가 쫙 펼쳐져 있을지도 몰랐다. 하지만 이미 어두워진 후였고, 아무도 없는 바닷가에서 차디찬 겨울바람을 맞으며 멍하니 서 있었다. 그저 나는 지금 왜 이곳에 혼자 서 있나 하는 생각만 들었다.

이층버스를 타고 해안선을 따라 세븐시스터즈로

어렵게 도착해 이 풍경만 보고 돌아서야 했다

이제 여기서부터 버스 타는 곳까지 가는 게 문제였다. 밝을 때라면 30분이면 가능하겠지만 도통 길이 보이지 않았다. 저 멀리에서 희미하게 반짝이는 불빛을 바라보며 어둠 속을 헤쳐가야만 했다. 해변 끝까지 걸어가다 보니 작은 둑길이 나왔다. 불빛 하나 없는, 질척거리는 젖은 땅을 따라 묵묵히 걸어갔다. 수풀에 이는 바람 소리, 여기저기서 날아오르는 새소리가 더욱 공포스러운 분위기를 만들었다. 영국 남부의 시골 바닷가 둑길을 어두운 밤에 홀로 걸을 거라고는 한 번도 상상하지 못했다. 여행은 정말 알 수가 없다. 더듬더듬 한 시간 가까이 홀로 걷다 보니 간신히 버스정류장에 도착했다. 사람이 반갑고, 지나다니는 차들도 반가웠다. 환한 이층버스에 오르고 나서야 긴장이 풀린 듯 안도의 한숨이 흘러나왔다. 영국 여행은 짧았지만 강렬한 여운을 남기며 그렇게 마무리되었다.

모로코

MOROCCO

인연 총량의 법칙

'한 사람이 인생을 살아가면서 가져갈 수 있는 인연의 수는 정해져 있다.'
세계 여러 나라를 여행하는 여행자로 살다 보면 수많은 사람들을 만
나게 된다. 그저 스쳐 가는 인연도 있고, 함께 동행을 하며 깊어지는
인연도 있다. 하지만 계속해서 쌓여가는 인연을 모두 가져갈 수는 없
다. 시간이 지나고 각자의 여행과 일상에 집중하다 보면 점점 더 놓게
되는 것이다. 그냥 받아들여야 한다.
어차피 인연이라는 것은 놀이터에 있는 시소와 같아서 혼자 타보려고
아무리 애써도 엉덩방아를 찧고 만다. 누군가와 함께 타면서 오르락
내리락 서로 노력해야만 즐겁게 탈 수가 있다. 우리가 만드는 인연도
마찬가지가 아닐까?

긴 여정이었다. 포르투에서 리스본, 스페인 세비야를 거쳐 배를 타고 지브롤터 해협을 건너 북아프리카 서쪽 끝에 매달린 모로코 탕헤르까지 왔다. 바다를 사이에 두고 아프리카 대륙에 들어섰지만 아직까지 실감이 나지 않았다. 저녁 무렵 도착했기에 좁고 복잡한 탕헤르 메디나에 숨어있는 숙소를 찾는 것은 어려운 일이었다. 한참을 헤매다가 아이들의 도움으로 간신히 예약한 호스텔에 도착할 수 있었다. 여행자에게 나라가 바뀌는 것은 일상이지만 문화권까지 달라질 경우에는 적응하는 시간이 필요하다.

탕헤르에 머물며 이곳 분위기에 어느 정도 익숙해지니 자신감이 붙었다. 스페인 여행 중에 추천받았던 아실라에 가볼 생각이었다. 항구 도시 탕헤르는 모로코 땅을 가르는 기차의 출발점이자 종점이었다. 이곳에서 기차에 몸을 싣고 40분 정도 달려가면 아실라가 나온다. 바다가 보이는 플랫폼에 내려서 바닷길로 걸음을 옮겼다. 드넓은 북대서양에서 시원한 바람이 불고 있었다. 가슴이 탁 트이는 것 같아 오랜만에 미친 듯이 소리를 질렀다.

강렬한 파란색으로 물든 아실라의 골목길을 거닐었다. 이 색은 바다의 색일까, 바람의 색일까? 파란 바다와 하얀 바람이 어우러진 길을 걷다 보니 가벼운 발걸음에 기분까지 유쾌했다. 아실라, 예상은 했지만 훨씬 더 아름다운 모습이었다. 알록달록 그림을 그리는

사람들도 있었고, 아기자기한 기념품을
파는 사람들도 있었다.

색깔에 젖어, 감상에 젖어 걷다가 저 멀
리 눈에 띄는 광경을 마주했다. 선명한 태
극기 아래서 열심히 일하고 있는 우리나
라 대학생들을 만나게 된 것이다. 방학 동
안 봉사활동으로 모로코 땅에서 땀 흘리
며 시간을 보내고 있는 멋진 젊음이었다.
대견한 마음에 정말 수고가 많다는 말을
전하고 또 전했다. 낯선 곳에서의 우연한
만남이라 더 특별하기도 했지만 그들이
보여준 열정 때문에 더욱 인상적인 순간
이었다.

머나먼 타국에서 만나 더욱 반가웠던
대학생 봉사단

바다와 바람의 색깔로 물든 아실라의 해 질 무렵은 더욱 낭만적이었다

모로코 북부의 괜찮은 여행지 세 곳 중 하나가 쉐프샤우엔이다. 탕헤르, 아실라를 모두 봤으니 이제 어감도 좋고 느낌도 좋은 쉐프샤우엔으로 향했다. 가는 버스 안에서 바라보는 풍경은 선입견을 깨는 데 충분했다. 모로코 하면 사하라사막 같은 황량한 풍경만 있을 것 같았지만 전혀 다른 세상이 펼쳐졌다. 푸른 들판과 드넓은 대지에서는 생명력이 느껴졌다. 세계에서 다섯 번째로 많은 올리브를 생산한다는 사실을 생각하면 어쩌면 당연한 풍경이었다.

쉐프샤우엔에 도착하니 푸르뎅뎅한 벽으로 가득한 이곳에서 벌써 힐링이 되는 기분이었다. 여기저기 셔터를 마구 누르고 싶었지만 사진을 찍히면 영혼을 빼앗긴다고 여기는 모로코 사람들이기에 조심스러웠다. 그들 문화를 따르고 존중하는 것은 여행자가 가져야 할 가장 기본적인 태도다. 원치 않는 사진을 찍거나, 무리한 요구를 하는 것은 여행자의 특권이 아니다. 그들의 일상에 찾아가 잠시 머물다 가는 것이기에 바람처럼 스윽 하고 지나가는 것이 좋다.

쉐프샤우엔은 평화로웠고, 여유로운 기운이 가득했다. 가끔씩 동화 속을 거니는 듯한 착각에 빠질 만큼 아름다웠다. 골목에서 인사를 먼저 해주는 사람들의 눈빛이 선해서인지 이곳이 금세 좋아져 버렸다. 일상이 이토록 특별하게 다가올 줄은 몰랐다. 그들의 삶이 묻어나는 이곳에서 그저 감사히 이 순간을 온전히 추억으로 남기고

싶은 생각뿐이었다. 앞으로 많은 여행지를 가겠지만 힐링을 떠올릴
때마다 쉐프샤우엔이 생각날 것만 같았다.

푸른색과 하얀색이 어우러진 쉐프샤우엔은 힐링이라는 말이 잘 어울리는 곳이다

모로코에서는 여자 여행자들이 상대적으로 현지인에게 경계를 덜 받고, 환대를 받는 경우가 많다. 하지만 거리감이 줄어드는 만큼 성추행을 당하거나 희롱을 당해 곤혹스러운 상황에 처하는 경우도 있다. 누구에게나 예상치 못한 순간이 찾아올 수 있다. 중요한 것은 본인 스스로 주의하고 그런 상황이 발생할 때는 단호하게 대처해야만 한다는 것이다. 집만큼 편안하고 안전한 곳은 없기에 어느 여행지에서든 돌발 상황에 대비하고 조심해야만 한다.

한때는 모로코 왕국의 수도였고, 이슬람의 유서 깊은 흔적을 고스란히 담고 있는 페스에서 가장 매력적인 장소는 메디나이다. 하지만 좁은 길이 이어지고 막히고 또 이어지면서 복잡한 미로를 만들기 때문에 길을 잃기 쉽다.

골목길을 헤매다가 건물 옥상에 올라가면 '테너리'라고 부르는 전통 염색공장을 볼 수 있는데 두 눈으로 직접 보니 사진과는 무척 달랐다. 현장에서 지독한 가죽 냄새를 맡는 순간 이게 현실이구나 싶었다. 보기에는 인상적인 풍경이었으나 뜨거운 햇살 아래 힘겹게 일하는 사람들을 보는 것이 마냥 즐겁지만은 않았다. 다양한 감정으로 테너리를 느낄 수 있는 이유는 오로지 여행자로서 이곳에 왔기에 가능한 일이었다.

모로코에서의 짧은 일정이 진한 아쉬움으로 다가왔다. 영화 제

테너리는 그들에게는 생업의 현장이었고, 여행자에겐 여러 가지로 인상적인 장소였다

목으로 유명한 카사블랑카도 궁금했고, 마라케시에서 떠나는 사하
라 사막투어도 가고 싶었다. 여행과 인생의 공통점은 원하는 것을
모두 다 가질 수 없다는 것이다. 고민하고 선택하고 포기할 것은 얼
른 놓아야만 한다. 그것을 받아들일 때 새로운 무엇인가를 다시 잡
을 수 있기 때문이다.

JORDAN

여행의 선물, 세계유산

유네스코에서 지정한 세계유산은 세계 곳곳에서 여행자를 기다리고 있다. 아프리카 세렝게티 같은 자연유산도 있고, 이집트의 피라미드 같은 문화유산도 있다. 영화 〈인디아나 존스〉의 주인공이 된 기분으로 세상 이곳저곳에 숨 쉬고 있는 문화유산을 찾아다니는 일은 정말 흥분되고 신나는 일이다. 여러 대륙과 많은 나라를 다니며 자연스럽게 만나게 되는 세계유산은 여행이 주는 특별한 선물인 셈이다.

여기는 헤라클라스신전과 로마원형극장이 있는 요르단의 수도 암만이다. 중동 지역에 있지만 역사적으로 다양한 문화가 공존했던 곳이기에 볼거리가 꽤나 많은 곳이었다. 하지만 여행자에게 보는 것만큼 중요한 게 먹는 일이다. 큰길로 나와 어디에서 뭘 먹어볼까 하다가 맛있는 냄새가 나는 골목으로 따라갔다. 그 냄새의 정체는 아주 먹음직스러워 보이는 생선과 새우를 튀기고 있는 식당 주방이었다. 2층으로 안내해서 올라가 보니 고급스러운 씨푸드레스토랑이었다. 메뉴를 보니 역시 저렴하지는 않았다. 그런데 나를 가난한 배낭여행자로 봤는지 지금은 메인요리는 안 된다고 했다. 다른 테이블에서는 만찬을 즐기는 중인데 왜 나만 안 된다고 하는지 기분이 상했다. 살짝 인상을 쓰는 나를 얼른 내보내고 싶었는지 샐러드와 수프만 가능하다고 했다.

슬슬 자존심이 뻣뻣하게 고개를 쳐들기 시작했다. 일단 메뉴에 있는 수프 중에 가장 비싼 해물수프를 주문하고 서비스로 주는 빵을 무지하게 찍어 먹었다. 생각보다 배가 빨리 차서 속도가 떨어질 무렵 직원은 갑자기 메인요리를 시킬 수 있다고 이야기를 꺼냈다. 사실 배가 불러서 더 먹을 수 있을지 의문이었지만 오기가 발동했다. 메인요리에다가 음료수까지 추가로 주문했다. 겉으로는 나 돈 있는 사람이야 하는 의기양양한 표정이었지만 뭔가 찜찜한 마음이

암만에 있는 로마 원형 극장

었다. 잠시 후 음식이 나왔고 테이블 가득 해산물요리가 눈앞에 펼쳐졌다. 꾸역꾸역 먹고 또 먹었다. 돈이 아까워서라도 내가 다 먹고 만다는 굳은 결심을 했지만 결국 다 먹지 못했다. 빵과 수프도 남고, 생선튀김도 남기고 말았다. 계산서를 받아 보니 봉사료 포함해서 13디나르가 나왔다. 하루 숙박비가 6디나르니까 이틀 치 방값이 나갔다. 뭔가 제대로 말린 기분이었다. 알량한 자존심을 세우느라 배는 터질 것 같았고, 지갑은 이미 털린 기분이었다. 배부른 여행자이고 싶었던 나는 인상적인 만찬으로 요르단 여행을 시작하게 되었다.

"1985년에 지정된 세계문화유산"

"세계 7대 불가사의 중 한 곳"

"BBC방송 선정 '죽기 전에 꼭 가봐야 할 50곳' 중 16번째 등재"

"영화 〈인디아나 존스〉, 〈트랜스포머〉 촬영지"

"세계 유적지 중 단일 입장권으로 가장 비싼 곳"

바로 요르단의 '페트라'이다. 이 거대하고 신비로운 도시를 수식하는 말은 많다. 대부분의 여행자가 요르단에 오는 이유도 페트라에 가기 위해서다. 암만 북부의 로마유적도시 제라시도 매력적이고, 이스라엘과 마주하고 있는 사해도 인상적인 여행지가 맞다. 하지만 비싼 입장료를 지불하면서까지 페트라에 가는 것은 수천 년 전 건설된 위대한 고대 도시를 두 눈으로 확인하기 위해서이다. 나바테아인들이 붉은 바위산을 깎아 만든 바위의 도시 페트라는 천혜의 요새이자 인상적인 신전과 수도원이 남아 있는 역사의 현장이었다.

해가 뜨기 전에 알카즈네신전이 있는 곳으로 발걸음을 옮겼다. 차가운 공기가 정신을 바짝 들게 했다. 잠시 걷다 보니 엄청난 높이의 바위산 사이로 난 협곡인 시크가 보였다. 왜 이곳이 천혜의 요새인지를 단박에 알려주는 풍경이었다. 신비롭고 거대하게 펼쳐진 좁은 길을 걷다가 저 멀리 조금씩 보이는 무언가가 눈에 들어왔다. 드

어마어마한 규모의 고대 신전 알카즈네

디어 흥분된 마음으로 웅장하게 펼쳐진 알카즈네신전을 만날 수 있었다. 우와! 입이 다물어지지 않을 정도로 위압감이 들고, 정신이 멍할 정도로 전율이 밀려들었다. 바위산 절벽에 사람의 손으로 엄청난 신전을 만들었다니 놀라울 따름이었다. 가끔은 사람이 아닌 자연 풍경이나 건축물에서 감동받기도 하는데 오늘이 바로 그날이었다.

여운을 안고 맞이하는 페트라의 햇살은 따사롭다가 다시 뜨거워졌다. 도시 곳곳에는 나바테아인들의 흔적이 남아 있었고, 시간의 경계를 넘어선 듯 낯선 기분이 들었다. 눈을 감으면 그 옛날의 그림이 그려지기도 하고, 눈을 뜨면 영화 속 장면이 스쳐 가기도 했다. 강렬한 페트라의 기운을 가득 안고서 숙소로 돌아와 요르단 여행의 끝을 준비했다. 이제 홍해를 품고 있는 도시 아카바로 가서 바다 건너 이집트 시나이반도로 떠날 시간이다.

이집트

EGYPT

오만과 편견

여행을 떠나기 전에 여행지와 그곳에 사는 사람들에 대한 공부를 많이 할 경우 낯선 곳에 대한 두려움을 이겨낼 수 있다. 하지만 몇 권의 책과 몇 사람의 이야기가 그곳의 모든 것을 알려주지는 않는다. 스스로 어느 정도 준비했다는 자신감은 좋으나 그것이 넘치면 오만이 된다. 항상 문화적 상대성을 고려하며 겸손한 태도로 다니는 것이 좋다. 또한 미리 공부하고 들었던 이야기로 인해 편견을 갖고 현지인을 바라보는 것은 정말 위험한 일이다. 여행자라고 해서 특별한 지위를 부여받은 것이 아니기에 현지인의 문화와 생활을 존중하고 색안경을 끼고 바라보는 일이 없어야 한다. 그것이 여행자가 갖춰야 할 중요한 에티켓이다.

깊고 푸른 바다, 다합 블루홀

여행에도 휴식이 필요하다면 바로 이 시점이었다. 이집트 다합은 여행자들의 블랙홀이다. 아름다운 홍해를 끼고 있어서 스쿠버다이빙이나 스노클링을 마음껏 즐길 수 있다. 물가는 저렴한 편이고 숙소 또한 부담되지 않는 가격이라 오래 머물기에 최적화된 곳이기도 하다. 그동안 정신없이 여정을 진행하면서 슬슬 체력도 바닥나고 심적으로 조금은 지친 상태였다. 편안한 분위기의 다합은 재충전을 하면서 쉬기에는 참 괜찮은 곳이었다. 사람에게도 관성의 법칙이 적용되는 것인지 쉬면 쉴수록 계속 쉬고만 싶어졌다. 스쿠버다이빙을 배우는 친구들은 아침부터 늦은 오후까지 물에서 살다시피 했고, 난 그저 그 모습을 바라보며 무념무상으로 시간을 보내는게 일상이었다.

다합에는 다이버들에게 유명한 블루홀이 있다. 신비하고 특수한 해저지형인 블루홀은 지구의 곳곳에 존재한다. 그중 한 곳이 바로 지척에서 여행자들을 유혹하고 있었다. 나 역시도 그 유혹을 이겨내지 못하고 스노클링 장비를 챙겨 블루홀로 갔다. 블루홀은 밖에서 봐도 확연하게 다른 색깔을 띠고 있었다. 이제 깊고 푸른 바다를 만나는 순간이었다.

눈앞에 산호가 펼쳐졌고, 그 위로 색색의 물고기들이 유유히 놀고 있었다. 조금 더 나아가다가 드디어 두 눈으로 보고야 말았다.

다합 블루홀은 몽환적인 푸른빛으로 여행자를 유혹한다

블루홀, 끝이 보이질 않았다. 강렬한 햇빛은 물을 더욱더 푸르게 만들기는 했지만 그 안까지 다다르지 못했다. 그만큼 블루홀은 아주 깊은 곳까지 내리쳐 닿아 있었다. 마치 푸른색 물감을 일정한 농도로 풀어놓은 것처럼 끝없이 푸르고 또 푸르렀다. 몽환적이면서도 신비로웠다. 정신이 멍해지면서 찌릿한 전율이 느껴질 정도였다. 드넓은 홍해의 가장자리에 만들어진 블루홀에서 인간이란 존재는 아주 작고 보잘것없었다. 그저 그 품에 안겨 떠다니면서 대자연을 오롯이 느끼면 그뿐이었다.

애써 정신을 차리고 방수팩에 담아간 카메라로 담아보려 했지만 마음마저 흔들려서 그랬는지 죄다 초점이 안 맞고 흔들린 사진뿐이었다. 하지만 가슴 깊은 곳까지 파고들어 버린 깊고 푸른 바다는 평생 잊을 수 없을 것 같았다.

이제 다합을 떠날 시간이 되었다. 여행 전반전을 마치고 후반전이 시작되기 전의 휴식 포인트가 바로 다합이었고, 10일간의 행복한 시간을 마무리해야 할 시점이 온 것이다. 하루하루 비슷한 일상을 살아가며 무엇을 먹고, 어떻게 쉴지를 고민한다는 것, 그것이 가능한 곳이 다합이었다. 그 시간은 아주 소중하고 달콤하기만 했다. 하지만 어느 정도 충전이 끝났으니 더 이상 머무를 수만은 없었다.

다합에서 출발한 야간버스는 아침 6시 무렵에 카이로의 한 터미널에 도착했다. 카이로의 겨울은 매서웠다. 찬바람이 쌩쌩 불고, 온몸에 한기가 찾아들었다. 아침이라 더 쌀쌀한 것 같았고, 홍해의 따뜻한 기운에 적응된 몸이 더 민감하게 반응하고 있었다.

피라미드를 보기 위해 지하철을 타고 기자역을 거쳐 무사히 입구까지 도착했다. 여기서부터는 호객꾼들을 경계해야 한다. 악명이 높은 낙타 호객꾼들에 대한 이야기를 듣고 왔기에 만반의 준비를 했다. 하지만 예상과 달리 나에게 다가오는 호객꾼들은 거의 없었다. 내 인상이 좀 더럽나 생각했지만 눈에 들어온 스핑크스와 피라미드를 보니 발걸음이 빨라졌다.

세계의 많은 유산 중에서 스핑크스와 피라미드는 특히 노출 빈도나 인지도가 최상이다. 그래서 그런지 생각보다 큰 감동은 없었다. 크긴 크네! 정도의 심드렁한 마음으로 사진을 찍으며 돌아다니는데 하늘이 심상치 않았다. 분명 해가 쨍쨍한 날이었는데, 이런 불순한 내 마음을 알아채기라도 한 걸까? 갑자기 먹구름이 몰려오면서 여기저기서 돌풍이 불어대기 시작했다. 돌풍은 모래를 담뿍 담아서 모래바람으로 몰아치기 시작했다. 하필 내가 있는 쪽으로 부는데 생각보다 바람이 셌다. 몸이 휘청거릴 정도로 매섭게 달려들었다.

"따닥 따다다닥 따다다다다다닥"

모래바람으로 따귀 맞는 소리였다. 천으로 얼굴을 감싸고 모자까지 쓴 채로 머리를 푹 숙이고 있어도 바람의 방향은 수시로 바뀌며 나를 혼냈다. 피라미드의 어마어마한 돌덩이 밑에 몸을 숨겨 잠시 숨을 고르고 있었다. 바로 그때 모래바람이 회오리처럼 몰아치며 쿠푸왕의 피라미드를 에워쌌다. 영화 〈미이라〉에 나오는 장면처럼 경이로운 순간이었다. 마치 수천 년 전의 쿠푸왕이 살아 돌아온 것처럼 인상적인 장면이 눈앞에 펼쳐지고 있었기에 그저 자리에 웅크리고 얌전하게 기다릴 수밖에 없었다. 처음엔 살짝 실망하긴 했는데 엄청난 모래바람 덕분에 특별한 피라미드를 본 것 같아 뿌듯했다. 모래바람이 가득한 인상적인 피라미드를 만나기 위해선 심드렁하고 불순한 마음이 필요하다는 것을 깨달았다.

이집트 카이로에 가면 스핑크스와 피라미드 3기를 직접 만날 수 있다

불순한 마음을 가진 여행자에게 피라미드는 모래바람을 선물해주었다

나일강 상류에 있는 람세스2세의 걸작 아부심벨신전

'사막'

어감이 주는 느낌 자체로도 뭔가 특별한 그곳. 어쩌다 보니 인도의 자이살메르사막도 놓치고, 모로코의 사하라사막도 그냥 지나오고 말았다. 이집트에서는 두 개의 선택이 기다리고 있었다. 모래사막 위주로 형성된 시와, 석회암지대의 백사막과 화산재로 이뤄진 흑사막이 있는 바하리야 중 나의 선택은 바하리야사막이었다.

오후 5시 무렵에 카이로에서 출발한 버스는 모래바람을 일으키며 밤 10시가 되어서야 바하리야의 작은 길가에 내려주었다. 숙소를 구하느라 애를 먹고 있었는데 지프 한 대가 다가오더니 젊은 친구 한 명이 80파운드에 아침이 포함된 괜찮은 호텔이 있으니 타라고 했다. 이미 많이 지친 상황이라 의심할 겨를도 없이 올라탔다. 마을 안쪽으로 꽤나 들어가더니 그럴듯한 호텔에 데려다주었다. 사장은 친절했고, 방은 깔끔했다. 그런데 가격이 아침 포함 100파운드라고 했다. 이미 시간은 자정이었고 따지기도 귀찮아서 그러자고 하고 짐을 부렸다. 그러는 사이에 우리를 이곳으로 데려다준 젊은 친구의 의도가 드러났다.

"너희들 내일 사막투어 갈 거지?"

그렇다. 바하리야에 오는 여행자의 대부분은 사막투어를 가기 위해 오는 것이다. 그 친구는 사막투어를 진행하는 가이드였던 것이다. 어쩐지 너무 과하게 호의를 베푼다 싶었다. 바하리야에 같이 온 경민이와 상의를 하는데 사장이 거들고 나섰다. 이미 이런저런 사소한 일들로 지친 상태였고 내일 아침에 알아보러 다니기도 귀찮아서 그냥 하자고 결정했다.

날이 밝고 숙소로 오기로 한 지프를 기다려 올라탔다. 오늘 함께 투어에 참여하기로 한 호주 청년이 빠지는 바람에 새로운 여행자를 구한다는 평계로 버스정류장에서 호객하는 것을 구경했다. 출발하기로 한 시간을 훨씬 지나서 간신히 중국 여행자 3명이 합류했고, 가까스로 사막을 향해 출발할 수 있었다. 창밖으로 펼쳐진 풍경은 황량했지만 느낌이 좀 달랐다. 모래사막이 아니라 그 위에 검은 화산재가 덮인 기이한 풍경이었다. 바하리야의 매력은 보통의 모래사막이 아니라 지형적인 이유로 만들어진 독특한 사막이 있다는 것이다. 마을을 떠나 먼저 만나게 되는 것이 바로 흑사막이다. 하지만 늦어진 일정 탓으로 오래 머무르지 못하고 바로 백사막으로 갔다. 4륜구동의 지프는 힘차게 오프로드를 달려 오늘의 야영지인 백사막 한가운데에 도착했다. 이미 몇몇 팀들은 텐트를 치고, 불을 피워놓고 있었다. 우리 팀도 뒤늦게 잠잘 곳을 만들었다. 카페트를 깔고, 매트리스도 깔고 딱 거기까지였다. 겨울인데 텐트도 없냐고 물어보니 가이드는 이럴 때는 밤하늘을 보면서 자는 거라며 능청을 떨면서 부실한 장비에 대해서 얼버무렸다. 서서히 모닥불은 피어올랐고 준비된 저녁을 맛있게 먹고 있는데 드디어 기다리던 그 녀석이 등장했다. 사막여우였다.

늦은 밤 먹이를 찾아 다가온 사막여우

백사막에서 놓칠 수 없는 포인트. 버섯바위를 바라보는 닭의 형상

총총거리는 발걸음으로 조심스레 다가와서 먹을 게 있는지 살피는 중이었다. 작은 몸집에 쫑긋 솟은 귀를 달고 다니는 작고 귀여운 생명체였다. 사막여우의 등장으로 한바탕 유쾌한 웃음소리가 밤을 메우고 있었다. 사막여우가 떠난 아쉬운 마음엔 별이 찾아왔다. 살면서 이렇게 많은 별은 처음 봤다. 검은 천에다가 소금을 촤악 흩뿌려 놓은 듯 크고 작은 별들이 밤하늘에 가득 담겨 있었다. 꼭 만나고 싶었던 사막여우와 별세상을 봤으니 오늘은 대성공이다.

다시 모닥불로 돌아가니 다들 모여 앉아 이야기꽃을 피우고 있었다. 경민이는 항상 들고 다니던 기타를 꺼내서 배경음악처럼 잔잔한 선율을 만들어내고 있었다. 오늘 낮에 서로에게 약간의 벽을 느끼며 거리감이 있던 게 사실이었지만 바하리야의 밤은 그 벽을 허물어버렸다. 모닥불이 조금씩 사그라질 즈음 시간은 어느덧 자정을 향해 가고 있었다.

이젠 모두가 잠자리에 들어갈 시간이었다. 천장이 없는 매트리스에 누워 별을 바라보았다. 겨울의 사막은 추웠지만 무수히 많은 별만큼은 이 밤을 낭만적으로 만들어주고 있었다. 가이드의 허술한 준비 덕에 별을 보며 잠들 수 있는 최고의 잠자리를 얻게 된 것이었다. 그렇게 백사막의 밤은 고요하게 깊어가고 있었다.

케냐

KENYA

아프리카에 아프리카는 없다

우리가 갖고 있는 선입견이라는 벽은 생각 이상으로 견고하다.
'아프리카는 어떨 것이다.'라는 생각으로 케냐 나이로비에 들어서면
많은 것이 무너진다.

노상강도가 많다는 이야기에 겁먹고 움츠리며 걸어 다녔던 도시의 거
리에는 생기가 넘치는 사람들로 가득했다. 공원 한편에서는 거리 공
연이 펼쳐지고 있었으며 화려한 옷차림과 스타일 좋은 사람들이 자신
의 일상에서 바쁜 걸음을 옮길 뿐이었다. 오히려 그들을 경계하는 눈
초리로 가방을 움켜쥔 여행자가 낯선 그림을 만들고 있었다. 어딘가
에서 봤던, 머릿속에 흐릿하게 그려봤던 선입견 속의 아프리카는 없
었다. 그저 나와 같은 평범한 사람들이 열심히 자신의 길을 가는 지극
히 일상적이고 소소한 세상이 그곳에도 펼쳐져 있었다.

여기는 악명(?) 높은 케냐 나이로비입니다

케냐의 수도 나이로비는 여행자들이 강도를 많이 당하기로 악명이 높은 곳이다. 아프리카 여행을 계획할 때 케냐를 그냥 빼고 지나갈까 고민할 정도로 평이 안 좋았다. 하지만 탄자니아 아루샤로 가기 위한 길목 중에서 가장 가까운 곳이 바로 나이로비다. 또한 아프리카 하면 먼저 생각나는 케냐를 그냥 지나칠 수는 없었다.

이집트 카이로에서 에티오피아를 경유해 케냐로 가는 비행기에 몸을 실었다. 에티오피아 아디스아바바에서 환승하고 다시 하늘을 날아 케냐 나이로비 공항에 안전하게 착륙했다. 이제 본격적인 아프리카 여행이 시작되었다. 공항 밖으로 나가니 택시 호객을 하는 사람들이 꽤 많았다. 하지만 이내 버스 타는 곳을 알아냈고 50실링을 주고 나이로비 시티센터로 가는 버스에 올랐다. 버스는 너무 느리고, 덥고, 정말 자주 멈췄다. 길에 서 있는 사람들을 모두 태울 기세로 1분이 멀다 하고 한 번씩 섰다. 더위에 시들고 사람들 사이에서 부대끼며 지쳐갈 무렵 한 시간 넘게 걸려 드디어 나이로비 시청이 있는 시티센터에 도착했다.

한 나라의 수도답게 수많은 사람들이 거리를 메우고 있었고, 매연을 뿜는 차도 엄청 많았다. 아무도 동양에서 날아온 여행자를 눈여겨보지 않았다. 그저 그들의 일을 위해 바삐 오갈 뿐이었다. 혼잡함, 매연, 무관심 그리고 넘치는 에너지. 내가 처음 느낀 나이로비

유명한 케냐AA 커피를 즐길 수 있는 프랜차이즈 카페

의 단상이었다. 낮이어서 그런지 악명(?)을 증명해줄 만한 강도도 보이지 않았고, 그런 분위기도 전혀 느껴지지 않았다. 이리저리 헤매다가 그럭저럭 괜찮은 숙소를 하나 잡고 방에 들어가니 맥이 빠지고 침대 위에 퍼져버렸다. 아닌 척 괜찮은 척하고 다녔지만 꽤나 긴장을 했었나 보다. 게다가 배낭을 앞뒤로 메고 온몸으로 받아낸 아프리카의 따가운 햇볕은 피로감을 선물로 안겨줬다. 침대에서 기절 비슷한 낮잠을 피할 수가 없었다.

이집트의 인연으로 아프리카까지 함께 온 경민이와 숙소에 있는 레스토랑에서 맥주를 한잔하고 있었다. 좁은 공간이라 자리가 좀 부족했는데 잘생긴 케냐 친구가 합석했다. 인사를 나누고 이야기를 하다 보니 벤자민이라는 친구는 프로 마라토너였다. 대회 경력도 많고 며칠 후에 인도에서 열리는 대회에 참가할 예정이라고 했다. 마라톤 풀코스를 2시간 5분대에 완주하는 대단한 실력자였다. 세 남자가 만나게 된 것은 다 우연이었지만 특별한 인연이기에 즐거운 대화를 많이 나눴다. 벤자민은 낯선 케냐의 첫인상을 악명(?) 대신 친근함으로 느끼게 해준 고마운 친구였다.

아프리카 대륙은 이집트에서 만난 경민이와 함께하기로 했다. 경민이의 우간다 친구 소개로 나이로비에 사는 레이라는 사람을 만나게 됐다. 케냐는 영어가 공용어라서 많은 사람들이 유창하게 영어를 구사해서 소통하는 데 문제는 없었다. 빈민가 키베라 지역에 가고 싶지만 위험할 것 같아 망설이고 있다고 하니 레이가 함께 가준다고 했다. 현지인이 함께해준다니 다행스러운 일이었지만 허세 가득한 이야기만 늘어놓는 모습이 미덥지는 않았다.

우리가 키베라에 같이 가기로 결정한 뒤 레이는 전화 한 통을 했다. 그리고 버스를 타자마자 또 전화를 했다. 버스가 키베라에 도착하자마자 다시 어딘가에 전화를 걸었다. 사업하는 친구도 아닌데 무슨 통화가 이리 많지?! 전화를 거는 타이밍이 일정이 전개되는 상황에 따라 보고하는 분위기였다. 내가 너무 예민한 건 아닌가 싶었는데 경민이도 미심쩍게 생각하고 있었다. 일단 조심하는 건 나쁠게 없으니 살짝 긴장감을 안고 키베라에 내렸다.

쓰레기 타는 냄새, 시궁창 썩는 냄새, 빈민가에 어울리는 온갖 냄새가 밀려왔다. 이곳에 온 이유는 아프리카의 다양한 모습을 보고 싶어서였는데 솔직히 뭔가 특별한 경험을 해 보고 싶은 허영심일지도 몰랐다. 여행자의 알량한 낭만이라고 인정하니 씁쓸한 생각마저 들었다. 그런데 레이에게 마을 안쪽으로 가서 사람들이 사는 모습을 보고 싶다고 했는데 자꾸만 마을 전경이 보이는 산으로 가자고 앞장을 섰다. 일단 가자고 해서 따라가고 있기는 했는데 뭔가 좀 이상했다. 분명 고향이 나이로비에서 수백 킬로미터 떨어진 빅토리아 호수 근처라고 했는데 키베라에 내리자마자 이 사람 저 사람과 친

211

세계 3대 빈민가
키베라

마을 외곽에서 바라본
키베라

근하게 인사를 나눴다. 분명 여기 오기 전에는 "슬럼가인 키베라에 가면 긴장된다. 만만치 않은 곳이다." 이런 말을 했던 녀석이 어르신들과도 아는 것 같았다.

촉이 안 좋았다. 결정적으로 마을길이 끝나고 산 쪽으로 가는 갈림길에서 다시 어디론가 전화를 했다. 그리고 저 멀리 50미터 정도 떨어진 수풀이 우거진 숲속 나무 뒤에 남자 두 명이 보였다. 더 이상 따라가지 않고 시간을 벌면서 경민이와 이야기를 나눴다. 당연하게도 결론은 더 이상 따라가지 않는 것이었다. 우리의 대화를 지켜보던 레이가 어느 정도 눈치를 챘는지 산으로 올라가기 싫으면 알아서 하라고 했다.

우리는 눈빛을 교환하고 뛰다시피 빠른 걸음으로 다시 버스 타는 곳으로 돌아왔다. 다행히 출발하려는 버스에 올라 앞자리에 앉았다. 우리를 따라 뛰었던 레이도 뒷자리에 자리를 잡았다. 그런데 그 녀석은 또다시 한 통의 전화를 하고 있었다. 1시간을 달려 다시 나이로비 시티센터 앞에 도착했고, 레이는 인파 속으로 사라졌다.

그들에게는 삶의 공간인데 알량한 호기심과 허영심을 안고 키베라를 가려고 했던 것 자체가 문제는 아니었을까. 결국 키베라를 제대로 보지도 못했고, 찜찜한 마음만을 안고 돌아와야만 했다는 사실이 오늘 하루의 결과물이었다. 다시 오전으로 돌아간다면 다른 선택을 했을 것이다. 그나저나 레이를 따라 산길로 계속 갔다면 어떤 일이 벌어졌을까….

탄자니아

TANZANIA

아프리카의 세 가지 보물

여행만 생각했을 때 탄자니아는 아프리카에서 아주 중요한 나라다.
아프리카의 빛나는 보물 중에서 세 가지나 갖고 있기 때문이다.
하나, 끝이 없는 평원에 펼쳐진 동물의 왕국인 세렝게티가 있다.
둘, 아프리카 대륙의 지붕인 킬리만자로가 우뚝 솟아 있다.
셋, 푸르른 인도양에 떠 있는 아름다운 섬 잔지바르가 있다.
이 세 가지 보물을 현장에서 직접 만날 수 있다면 아프리카 대자연의
아름다움을 제대로 맛볼 수 있는 셈이다.

안 돼! 이건 아니야. 받아들일 수 없어….

여행자들이 가장 두려워하는 것 중 하나가 베드버그다. 눈에 잘 보이지도 않고, 옷이나 몸에 숨어 사는 조그만 벌레인데 자고 나면 열을 맞춰 집중적으로 살을 물어버리는 나쁜 녀석이다. 그래서 여행자들이 강도나 소매치기만큼이나 두려워하는 존재이기도 하다. 애써 외면하며 인정하기 싫었지만 이젠 받아들일 때가 되었다. 이유인즉슨 지난밤 허리 쪽에 가로로 베드버그가 훑고 지나가버렸다. 미친 듯이 간지럽고 또 간지러웠다. 모기가 문 곳은 하루 이틀이면 흔적이 사라지지만 베드버그가 문 자국은 몇 개월까지 남기도 한다. 시간이 지나면 아프거나 그러진 않지만 물린 흔적 때문에 심리적으로 스트레스를 받게 된다. 보이지 않는 공포랄까….

베드버그를 없애는 방법은 모든 옷이나 가방, 물건을 빨거나 닦아 햇빛에 소독해줘야 한다. 하지만 현실적으로 그렇게 하기가 쉽지 않다. 당장 내일 세렝게티 사파리로 떠나야 하는 일정이라 더 그랬다. 어제 케냐에서 현지인들이 타는 로컬버스를 타고 무더운 날씨를 이겨내고 걸어서 국경을 넘어 탄자니아 아루샤까지 잘 도착했다. 뭔가 한시름 놓겠구나 싶었는데 오늘은 가려움 때문에 원숭이처럼 여기저기 긁으며 힘들어하는 중이었다. 오후에는 약도 처방받고 세렝게티 사파리로 떠날 여행사도 찾아야 했다. 호객꾼으로 넘치는 아루샤의 오후는 가려운 여행자를 점점 더 지치게 했다. 다행스럽게도 적당한 가격을 제시하는 여행사를 찾아 예약하고 숙소에서 돌아와서 쉬엄쉬엄 긁으면서 내일을 준비했다.

어렸을 적에 저녁 5시가 넘어가면 텔레비전 앞에 앉아 〈동물의 왕국〉을 보곤 했다. 세렝게티는 언젠가 한 번쯤은 가보고 싶은 로망으로 자리 잡았다. 지금 그 로망이 실현된다는 사실이 믿기지 않았다. 정말 내가 아프리카 대자연 속으로 온 것인가?

지평선이 아스라이 멀게만 느껴질 정도로 드넓게 펼쳐진 푸르른 초원에서 할 말을 잃게 만드는 장면은 그 위에 깨알처럼 뿌려진 수만 마리의 동물들이었다. 얼룩말과 뿔이 작은 물소 누가 가장 많았는데 가늠조차 할 수 없을 정도로 어마어마한 수였다. 대자연의 법칙에 순응하며 묵묵히 이동 중인 누 떼의 모습에서는 표현할 수 없는 감동이 밀려들었다.

지프차는 초원 사이로 난 험한 길을 거칠게 달려 해 질 무렵에야 간신히 세렝게티 캠프에 도착할 수 있었다. 숙소가 따로 없었기에 텐트를 치고 야영 준비를 했다. 형식적으로 세워둔 나무 울타리밖에 없는 그야말로 야생에서의 캠핑이었다. 맛있는 저녁을 먹은 후에는 세렝게티에 뜬 별을 바라보며 낭만에 빠져 있다가 여기저기서 들리는 하이에나의 울음소리에 정신을 차리고 텐트 안으로 들어갔다. 진짜 야생이라는 게 실감 나서인지 긴장과 흥분이 가시지 않는 밤이었다. 아무쪼록 밤새 별일 없기를 바랄 뿐이었다.

캠핑장에 갑자기 등장한 코끼리 때문에 모두들 긴장하는 상황이 펼쳐지고 말았다

이른 아침에 만난 아프리카의 청소부 하이에나

간밤에 피곤함 덕분이었는지 우려와 달리 숙면을 했다. 간단하게 커피와 비스킷으로 허기를 달래고 바로 지프에 올랐다. 초원 이곳저곳에 살고 있는 동물을 찾아다니는 게임드라이브가 시작된 것이다. 캠핑장을 벗어나자마자 반가운 친구를 만났는데 바로 하이에나였다. 세렝게티에서 꼭 보고 싶은 동물 중 하나였는데 살짝 흥분된 마음을 진정시키며 카메라에 열심히 담았다. 텔레비전이나 동물원에서만 보다가 직접 와서 보니 감흥이 달랐다. 오전은 그렇게 행복하고 만족스럽게 잘 끝났다. 딱 거기까지였다.

점심을 먹고 세렝게티의 하이라이트인 표범과 사자를 찾아 떠나야 하는데 우리 지프차가 보이질 않았다. 어제부터 작은 문제를 일으켰던 차가 고장이 나서 수리를 하러 간 모양이었다. 가장 중요한 오후 시간대에 이런 일이 발생하다니 미칠 노릇이었다. 아직도 만나봐야 할 동물들이 많기만 한데 지프는 한 시간이 지나고 두 시간이 지나도 오지 않았다. 인내심이 한계에 다다랐다. 결국 오후 4시가 넘어서야 지프가 돌아왔고 게임드라이브는커녕 당장 세렝게티 국립공원을 벗어나야 하는 상황에 처하고 말았다.

아무것도 하지 못하고 캠핑장에서 기다리는 네 시간 동안 원망, 분노, 억울함, 체념 등의 복잡한 감정을 다스리느라 힘들었는데 이젠 허탈감만 밀려들었다. 정해진 시간 안에 벗어나야 하기에 우린

사파리에 최적화된 응고롱고로분화구에서는 사자도 사람들을 경계하지 않는다

두 발로 서서, 두 눈으로 보고, 온몸으로 느끼는 세렝게티는 감동 그 자체였다

어제처럼 쫓기듯 세렝게티를 미친 속도로 질주했다. 여기저기 멈춰서 망원경으로 동물을 구경하고, 사진을 찍는 다른 지프를 보니 부러움과 분노가 교차했다. 해가 지고 나서야 어제 코끼리를 만났던 응고롱고로캠핑장에 도착할 수 있었다. 함께 세렝게티투어를 하는 체코 커플과 많은 이야기를 나눴다. 언제 다시 올지 모른다는 생각에 아쉬움이 컸는지 미련도 많이 남았다. 역시 여행은 정말 알 수가 없다. 당장 오늘 하루 어떤 상황이 발생하고 어떤 순간을 맞이하게 될지 말이다. 여행의 내공이 쌓이면 받아들이는 시간이 짧아지고, 조금 더 여유롭게 대처할 수 있지 않을까 하는 생각이 들었지만 오늘의 이 마음은 어쩔 수가 없었다.

응고롱고로분화구에서는 자연의 섭리에 따라 살아가는 동물을 가까이서 볼 수 있다

인도양의 아름다운 섬, 잔지바르에 가다

세렝게티투어가 끝났지만 아루샤를 바로 떠날 수 없었다. 투어 계약서에 2시간 이상 일정 진행이 안 될 경우 부분 환불을 해준다는 항목이 있었다. 가난한 배낭여행자였기에 그 돈으로 아쉬움도 달래고 여행 경비에도 보탤 생각이었다. 그런데 황당하게도 여행사에 찾아가니 문을 닫은 상태였다. 사장과 통화를 하니 자기는 모시에 출장 나와 있어서 오늘 못 온다고 했다. 어차피 다음 여정이 모시로 가는 거였기에 경민이와 함께 모시행 버스에 올랐다. 모시에 도착해 다시 전화로 어디냐고 물으니 아루샤로 돌아갔다며 돈을 받으려면 아루샤로 오라고 했다. 순진했다. 어차피 떠날 여행자라는 것을 알기에 그냥 처음부터 이런 식으로 도망 다닐 계획이었던 것이다. 다시 분노가 차올랐지만 저 멀리서 웅장한 모습으로 내려다보는 킬리만자로를 보며 마음을 다스리고 또 다스려야만 했다.

모시를 떠나 탄자니아 수도 다르에스살람에 왔다. 이곳에서 먼저 잠비아로 넘어가는 타자라 기차표를 예매하고, 페리를 타고 3시간을 달려 잔지바르섬까지 왔다. 먼 여정이었지만 드디어 인도양의 보물인 이곳까지 무사히 온 것이다. 잔지바르의 중심지인 스톤타운에서 하루만 머물고, 동쪽 해변의 잠비아니로 향했다. 도착하자마자 눈에 보이는 것은 넓고 푸른 바다였다. 이것이 진정 인도양의 바다색이란 말인가? 에메랄드빛의 파도가 넘실거리고 있었다. 벌어

잔지바르 잠비아니해변에서 새삼 여행할 수 있음에 감사함을 느꼈다

진 입이 다물어지지 않을 정도로 아름다운 풍경이었다. 햇볕은 따가웠지만 그래도 한참을 해변에 머물게 할 정도로 멋진 바다였다.

　하루라는 시간은 오늘도 빠르게 흘러갔다. 저녁을 먹고 밤바다에 나가니 시원한 바람이 온몸을 감쌌다. 낭만적인 분위기 탓이었을까? 현재 주어진 모든 것에 대한 감사의 마음이 샘솟았다. 이래저래 일도 많았지만 세계일주의 절반을 무사히 끝내고, 여전히 건강하게 다닐 수 있어서 감사했다. 여행은 또다시 평범한 진리를 깨닫게 해준다. 살아있는 지금 이대로의 모든 순간이 감사하고 또 감사한 것임을….

　타자라TAnzania ZAmbia RAilway는 탄자니아의 다르에스살람과 잠비아의 카피리음포시를 연결하는 기차 노선으로 2박 3일 동안 45시간 이상 달려야 끝을 볼 수 있는 구간이다. 오늘은 아프리카 초원을 질주하는 타자라 기차를 타는 날이다. 지난밤에는 잔지바르에서 출발하는 배에서 잠을 잤고, 앞으로 이틀은 기차 안에서 자야 한다. 멀고도 먼 길이지만 다음 나라로의 여정을 위해서 꼭 거쳐야 하는 관문이었다.

　기차 객실은 에어컨은 고사하고 안에 달려 있는 선풍기도 돌아가지 않는 열악한 환경이었다. 하지만 무엇보다 전기가 들어오지 않는다는 것이 마음에 걸렸다. 오후 4시에 출발했지만 여전히 햇볕은 따가웠고, 기차 안은 찜통이었다. 더워도 너무 더웠다. 차창으로 스며드는 바람만이 위로가 될 뿐이었다. 그래도 창밖으로 펼쳐진 풍경만큼은 정말 아름다웠다.

　"타르닥 타르닥"

　낮에도 밤에도 기차는 탄자니아의 넓은 평원을 가로지르며 앞으로 나갔다. 다행히 새벽에는 시원한 바람이 밀려들었다. 어제보다 훨씬 더 상쾌하고 쾌적한 환경이었다. 역에 정차할 때마다 몰려드는 장사꾼들, 뭔가 바라는 눈으로 초롱초롱 바라보는 아이들, 그런 장면들을 반복해서 보다 보니 드디어 탄자니아 국토의 끝자락에 있

아프리카 대륙을 기차 타고 달리는 것만으로도 충분히 낭만적이다

는 도시 음베야에 도착했다. 이제 조금만 더 가면 국경을 넘어 잠비아로 들어서게 된다.

타자라 기차를 타며 만나는 아름다운 풍경은 여행자의 눈을 뜨게 했고, 창문으로 만나는 사람들은 안타까운 마음에 눈을 감게 했다. 음쿠쉬역에 잠시 정차하던 중에 아이들이 기차에 다가와 손짓을 하고 인사를 건네며 뭔가 얻기를 바라고 있었다. 빈 페트병이나 비스킷을 창밖으로 건네면 그들은 즐거워했다. 그런데 저 멀리서 다가오지도 못하고 바라만 보던 두 아이가 있었다. 문득 테이블에 놓인 비누 두 개가 눈에 들어왔다. 갑자기 그 비누를 두 아이에게 주고 싶은 생각이 들어 통로를 따라 좀 더 가까이 갔다. 하지만 여전히 먼 거리를 두고 다가올 용기를 내지 못하는 아이들이었다. 나역시 마음 편히 비누를 던져줄 용기는 없어 주저하고만 있었다. 그렇게 기차는 역을 떠나고 말았다.

삶은 누구에게나 공평한 기회를 주지는 않는 것 같다. 잠비아에서 태어난 아이와 대한민국에서 태어난 아이가 다를 수밖에 없다. 많은 것들이 우리의 삶을 결정짓는데 어디에서 태어나느냐는 스스로 정할 수 없다. 우리의 삶에 대해 이런저런 생각을 하며 차창 밖을 바라보았다. 복잡한 마음과는 대조적으로 풍경은 여전히 아름다웠고 평화로웠다.

ZAMBIA

좋은 풍경은 사진에 남고, 좋은 사람들은 가슴에 남는다

친절한 잠비아 사람들을 만나며 그런 생각이 들었다.

아프리카에 사는 사람들에 대한 막연한 두려움과 걱정은 나의 좁은 마음에서 나오는 선입견이었다는 것을.

버스에서 자리를 양보하고, 친절하게 길을 안내해주고, 어색한 인사에 밝은 웃음으로 인사해주는 사람들을 보며 가슴 깊이 따뜻함을 느꼈다. 아름다운 풍경을 보면 눈으로 보고 느끼며 사진에 담는다. 친절하고 착한 사람들을 만나면 가슴으로 다가와 그곳에 계속 머물러 있는 것만 같다.

001 타자라 종착역 음포시에서 수도 루사카까지의 험난한 하루

타자라 기차의 종착역인 카피리음포시에 도착해 기차에 함께 탔던 한국 여행자들과 역 주차장으로 나갔다. 오늘의 목적지는 음포시가 아니라 수도 루사카다. 때마침 여행자를 태우기 위해 미니버스가 대기 중이었지만 이미 사람들로 가득했다. 결국 택시를 잡아타고 음포시 버스터미널로 갔다. 버스는 1시간이 넘어도 오지 않았고 이제 비까지 내렸다. 한참 쏟아진 비를 맞으며 큰 버스가 한 대 들어섰다. 하지만 6명이 탈 자리는 없었다. 다시 기다려야 하나 했는데 잠비아 사람들의 친절함이 빛을 발하기 시작했다. 자기들끼리 자리를 옮기고 끼어 앉고 하면서 결국 낯선 여행자들을 위한 자리를 마련한 것이다. 감동 또 감동이었다.

루사카에 도착해 어렵사리 검색해놓은 여행자 숙소로 찾아갔다. 그런데 빈방, 아니 빈 침대가 하나도 없었다. 이미 투숙객으로 꽉 차버렸다고 했다. 시간은 이미 밤 10시를 훌쩍 넘어서고 있었다. 하는 수 없이 근처 숙소를 찾아 나섰는데 여기도 저기도 이미 만원이었다. 배낭을 메고 헤매는 동안 시간은 자정을 넘어서고 있었다. 6개월 정도 여행하면서 숙소에 잘 곳이 없어서 헤매는 것은 처음 있는 일이었다. 거의 포기하고 싶은 심정으로 노숙까지 생각하고 있었다.

그런데 공항에서 손님을 픽업해 온 택시기사가 구세주처럼 등장했다. 드라마도 이처럼 극적일 수 있을까? 자기가 아는 숙소를 추천해준다기에 믿고 얼른 올라탔다. 주로 현지인들이 머무는 변두리 게스트하우스였는데 방이 있었다. 깔끔하면서 가격도 저렴했다. 택시기사는 수고비는커녕 택시비도 많이 받지 않는 정말 좋은 분이었다. 방에 짐을 부리고 잠깐 밖으로 나왔는데, 아까 떠났던 택시 사분이 다시 돌아왔다. 경민이가 트렁크에 싣고 깜빡하고 두고 내린 기타를 돌려주러 온 것이었다. 아….

감동의 물결이 해일처럼 밀려들었다. 사실 가져가서 돌아오지 않아도 어쩔 수 없는 거였다. 그런데 갔던 길을 돌아 소중한 물건을 돌려주러 온 것이었다. 정말 친절하고 착한 택시기사님이었다. 꼬이고 꼬인 하루였지만 마지막은 정말 훈훈했다. 샤워를 하고 침대에 누우니 이미 새벽 3시였다. 친절한 잠비아 사람들 덕분에 미소를 머금은 채 잠들 수 있을 것 같았다.

타자라기차의 종착지인 잠비아 카피리음포시역

　　빅토리아폭포는 뜨거운 대륙 아프리카에 있는 엄청난 규모의 폭포다. 미국과 캐나다에 걸쳐 있는 '나이아가라폭포', 브라질과 아르헨티나 그리고 파라과이에 걸쳐 있는 '이구아수폭포'와 함께 세계 3대 폭포에 포함된다. 그 폭포를 공유하고 있는 잠비아와 짐바브웨는 국경을 맞대고 있는데 그 국경을 잇는 오래된 다리가 하나 있다. 바로 그곳에서 번지점프를 하는 것이 잠비아 버킷리스트에 있는 미션이었다.

　　빅폴은 아프리카의 곳곳을 누비던 강들이 한자리에 모이는 중이라 더욱 요란스러웠다. 수많은 사람들의 이야기를 담고 그들의 삶을 스쳐 이곳까지 흘러온 사연 많은 폭포인 셈이었다. 두 나라의 국경을 잇는 다리까지 가서 번지점프 접수를 하고 다리 한가운데로 갔다. 아래를 바라보니 아찔했다. 111미터 아래는 폭포에서 흘러나온 물이 골짜기를 따라 소용돌이치며 달려 나가고 있었다. 안전장비가 내 몸에 채워지기 시작했다. 찰크닥찰크닥 점점 더 조여 오는 장비와 솟아나는 긴장감으로 몸이 경직되기 시작했다. 철크덩 다리에서 점프대로 연결되는 철문이 열렸다. 한 발 한 발 고개를 숙이고 점프대 위로 발걸음을 내디뎠다. 분명 웃으려고 애썼는데 볼이 굳어버렸는지 미소가 지어지질 않았다. 드디어 안전요원이 마지막 준비 멘트를 날리고 함께 카운트를 셌다.

"빠이브 뽀 쓰리 투 원 번지!"

두 발에 힘을 실어 앞으로 뛰면서 외쳤다.

"번지~"

비명 같은 구호와 함께 내 몸은 재빠르게 공기를 가르고 있었다. 그리고 한없이 아래로 아래로 추락하고 있었다. 얼마를 떨어졌을까, 갑자기 몸에 반동을 일으키는 묵직한 밧줄의 힘이 느껴졌다.

'아… 살았구나….'

생존을 확인한 그 순간부터 미친 듯이 환호성이 터져 나오기 시작했다.

"끼야호!"

짜릿한 경험이었다. 끓어오르는 쾌감과 안도감이 엔도르핀을 무한 생산하고 있었다.

어렸을 적 가끔 그런 꿈을 꾸곤 했다. 절벽에서 놀다가 발을 헛디뎌 한없이 바닥으로 추락하는 꿈. 건물 난간을 걸어 다니다가 누가 밀어서 끝없이 떨어지는 꿈. 그럴 때마다 키가 크려고 떨어지는 꿈을 꾼다는 어른들의 말을 듣곤 했다. 그런데 지금은 꿈이 아니라 현실이었다. 100미터 정도를 밧줄 하나에 의지해 한없이 떨어지는 것은 죽음의 공포를 전하는 추락과 생존을 알리는 밧줄의 반동 속에서 삶의 희열을 느끼는 경험이었다. 살아있음을 확인하는 순간 가슴 깊은 곳에서부터 터져 나오는 환호성 소리는 흡사 짐승의 포효 같았다.

다리 위로 올라와서 당당하게 걸으려고 했지만 두 다리는 후들

1. 엄청난 포말을 만들어내며 쏟아지는 빅토리아폭포
2. 밧줄을 발목에 묶는 번지와 가슴팍에 매고 뛰는 스윙. 둘 다 짜릿함은 최고였다

거리고 있었다. 그러면서도 실없이 흘러나오는 웃음을 막고 싶지는 않았다. 여전히 심장은 빠르게 뛰고 있었고, 흥분은 쉽게 가라앉지 않았다. 살면서 한 번은 해 볼 만한 짜릿한 도전이었다. 다시 하라고 한다면 꼭 친구에게 양보하고 싶은 좋은 경험이었다.

BOTSWANA

다니기와 머물기

사람마다 성향이 다르듯이 여행자들의 색깔도 제각각이다. 자기가 원하는 방향대로, 추구하는 스타일에 따라 여행의 색도 물들어 가기 마련이다.

세계일주를 한다고 했을 때 누군가는 도시와 나라를 거쳐 가며 다니기에 집중할 것이다. 주어진 시간과 비용 안에서 많은 곳을 보고 싶을 테니까. 또 다른 누군가는 열심히 다니다가도 마음에 꽂히는 곳이 있다면 일주일이고 한 달이고 머무르면서 여행의 맛을 깊고 진하게 느낄 것이다.

정답은 없다. 어떤 여행이 더 좋다 별로다도 없다. 그저 스스로 선택한 색깔에 맞게 여행하면 그뿐이다. 다만 다니기와 머물기가 적절하게 균형을 이룬다면 여행의 다양한 맛을 깊게 느끼는 현명한 여행자가 될 가능성이 크긴 하다. 나는 다니기에 집중한 여행을 하고 있다. 그래서 때로는 머무는 여행자가 부럽기도 하다.

보츠와나에서 초베 사파리를 하다

기대감과 호기심이 증발해버렸다. 이미 사파리의 끝판왕 격인 세렝게티를 다녀온 자의 불감증이 분명했다. 잠비아에서 남아공으로 가기 위해서는 보츠와나를 거쳐 가야 한다. 잠비아 출국 스탬프를 받고 배를 타야 하는데 잠베지강을 국경으로 하기 때문에 보츠와나까지 배로 건너는 것이다. 여기서 대기 중인 지프로 갈아타고 게임드라이브를 가면 바로 초베 사파리의 시작이었다.

사람들은 임팔라만 봐도 우와~ 기린만 봐도 우와~ 탄성을 질렀지만 오로지 나와 동행인 경민이만은 세렝게티 방문자로서의 여유로 피식 웃어주었다. 그런데 갑자기 무전이 울리고 차가 급히 이동했다. 도착한 곳에는 갈기를 멋지게 늘어뜨린 수사자가 기다리고 있었다. 와! 압권은 그때부터 시작이었다. 갑자기 강 쪽에서 등장한 코끼리 한 마리가 흙을 자기 몸에 뿌리면서 위협적인 행동을 하는 것이었다. 다들 사자만 보고 있다가 깜짝 놀라 숨소리조차 눌러가며 전방을 주시했다. 코끼리는 씩씩거리며 계속 지프를 들이받을 듯이 콧김을 내뿜으며 위협적인 태도를 취하고 있었다. 다들 조마조마하게 상황을 지켜보고 있었다. 잠시 후 사자의 존재를 알아챈 코끼리는 방향을 틀어 그쪽으로 향했다. 그늘에서 휴식을 취하던 사자가 고개를 묻고 코끼리 눈치를 보고 있었다. 그때였다. 괴성을 지르면서 코끼리가 사자에게 달려들었다. 다들 긴장된 모습

갑자기 등장해 차를 위협하는 코끼리 때문에 다들 얼음이 되었다

으로 상황을 지켜봤다. 사자와 코끼리의 대결이 벌어질 것인가? 그런데 사자가 정신없이 줄행랑을 놓으면서 상황은 싱겁게 끝이 나고 말았다.

초베 사파리를 기대 없이 가볍게 봤는데 이건 완전 대박이었다. 이런 희귀한 장면을 가까이서 보게 될 줄이야. 세렝게티와는 또 다른 매력이 가득한 초베에 빠져들기 시작했다. 초베 사파리의 가장 큰 차별성은 바로 보트를 타고 초베강을 누비는 것이다. 강에 살고 있는 하마와 악어 그리고 물가에 나온 코끼리를 제대로 볼 수 있는 기회였다. 뜨거운 햇살을 맞으며 보트는 물살을 가르고 앞으로 나갔다. 그런데 하마 가족도 보이고, 코끼리 가족도 보이는데 유독 악어가 보이질 않았다. 그러다가 저 멀리 물에 떠 있는 시커먼 나무 같은 것을 발견하고 그쪽으로 보트가 움직였다. 분명 악어였다. 그런데 그 악어를 보러 가까이 가다가 미처 발견하지 못한 악어를 보트 앞머리로 툭 치고 말았다.

물속이라 악어에게 큰 충격은 없었겠지만 충격은 우리가 받고 말았다. 보트를 피해 쓰윽 옆으로 지나가는 악어의 크기가 엄청나게 컸다. 저 정도 몸집의 악어라면 사람도 순식간에 먹어치울 수 있을 것 같았다. 침묵 같은 공포의 정적이 밀려들었다. '저게 달려들면 다 돼지는 거야~' 뭐 이런 분위기였다. 가이드는 웃으면서 악어는 그리 위험하지는 않다고 이야기했다. 진짜 무서운 존재는 하마라면서 조용히 잠수했다가 갑자기 물 위로 솟아오르며 보트를

백수의 왕 사자는 공포감을 안겨주지만 코끼리를 만나면 사자도 어쩔 수가 없다

뒤집기도 한다는 것이었다. 악어는 보트를 뒤집지는 못하니 크게 신경을 안 쓰는데 하마 무리를 보러 가면 일단 몇 마리가 있는지 확인 먼저 한다고 했다. 언제 눈앞에서 사라질지 모르는 일이니까 말이다.

초베 사파리를 마치며 경험하지 않고 섣불리 판단하는 것은 굉장한 오만이라는 것을 깨달았다. 여행은 겸손해야 한다. 새로운 세상을 접할 때는 그런 자세가 중요하다. 오늘 초베는 즐거운 추억과 진한 메시지를 가슴에 안겨주었다.

남아프리카공화국

REPUBLIC OF SOUTH AFRICA

절대 안전지대도, 절대 위험 지대도 없다

남아프리카공화국이라는 한 나라 안에서도 가장 위험한 도시와 가장
안전한 도시가 있다. 수도인 요하네스버그는 3대 슬럼가가 있으며 대
낮에 도심에서도 강도가 빈번하게 일어난다.

케이프타운은 치안이 좋고, 여행자가 많이 모이는 곳이라 안전하기로
소문이 나 있다. 하지만 여행자에게 절대 안전지대나 절대 위험 지대
는 존재하지 않는다. 스스로 방심하고 무방비로 다니는 그 순간이 위
험 지대가 되고, 조심하고 또 주의하면 위험한 곳에서도 안전하게 여
행할 수 있다.

나는 요하네스버그에서 아무 일 없이 무사히 여정을 진행했지만, 케
이프타운에서는 500달러를 도둑맞았다. 과연 어디가 위험 지대이고,
어디가 안전지대인가?

보츠와나의 수도인 가보로네를 거쳐 아프리카 최남단 남아공의 요하네스버그에 도착했다.

세계에서 위험한 걸로 손에 꼽히는 도시여서 바로 드라켄즈버그를 가고 싶었지만 교통편이나 정보가 확실하지 않았다. 남아공을 함께 여행하기로 한 일행들이 있었지만 뜬구름 잡듯이 불확실한 정보로 무리하게 드라켄즈버그로 끌고 갈 수는 없었다. 마음이 맞아서, 일정이 맞아서, 혼자인 것이 걱정돼서 등 동행을 하는 이유는 많다. 목적지가 달라지면 더 이상의 동행은 무리였다. 나를 제외한 일행 모두는 남아공의 동부 해안 도시 더반으로 바로 간다고 했다. 하지만 나는 드라켄즈버그를 선택했다. 함께여서 든든한 아프리카 여행이었지만 이젠 혼자서 해 나가야 한다.

요하네스버그버스터미널에서 출발 시간은 같았지만 타야 하는 버스가 달랐다. 드라켄즈버그로 가는 마음은 들떴지만 일행들과 헤어지는 아쉬움 역시 컸다. 인연이 닿으면 케이프타운에서 다시 만날 것을 기약하고 그레이하운드 이층버스에 자리를 잡았다. 이층에서 바라본 풍경이 시원하게 펼쳐졌다. 푸르게 펼쳐진 그림 같은 풍경에 조금씩 기분이 나아지고 있었다. 혼자라는 외로움은 자유로움을 의미한다. 아름다운 풍경 덕분에 마음은 한층 더 가벼워지고 있었다. 내일이면 드라켄즈버그산맥에 있는 로얄나탈국립공원에 간다. 나를 흔들어놓은 사진 속 그 풍경에 직접 두 발로 서보는 거다. 가는 내내 날씨도 좋고 기분도 좋아 자유로운 영혼은 마구 날뛰고 있었다.

게스트하우스에서 픽업서비스를 신청해 작은 트럭에 몸을 싣고 20km 떨어진 마하이캠프로 이동했다. 막상 내리긴 했는데 어디로 가야 하는지 전혀 감이 오질 않았다. 마침 캠핑장 안전요원을 만나서 물어보니 친절하게 길을 가르쳐줬다. 나무 사이로 난 좁은 길을 따라 산의 품속으로 걸어 들어갔다. 언제나 산은 포근한 품으로 이곳에 찾은 사람들을 안아준다. 그래서 난 산이 참 좋다.

올라갈수록 눈앞에 펼쳐진 산이 더욱 멋지게 자태를 드러냈다. 이건 봐도 봐도 질리지 않는 풍경이었다. 오랜만에 카메라 셔터가 쉬질 않았다. 감탄사를 연발하며 연신 사진을 찍어대며 입은 헤벌쭉 벌어져 있었다.

'역시 오길 잘했어. 이걸 안 봤으면 어쩔 뻔했어!'

날이 흐려지고 떨어지는 빗방울이 돌아가야 할 시간이 다가왔음을 알렸다. 공원을 관리하는 방문자센터에 가서 잠시 시간을 보냈다. 오늘 담아온 사진을 보여주면서 산봉우리 이름을 물어보니 그곳이 둘리피크라고 했다.

'오~ 둘리봉!'

오늘 난 '용의 산'이라는 뜻의 드라켄즈버그에서 거대한 둘리를 만난 셈이었다.

1. 로얄나탈국립공원으로 가는 길에 만난 친구
2. 아름다운 로얄나탈국립공원의 둘리봉과 캠핑장

002

영화 같은 반전, 그라프레이넷

남아공의 남부 거점 도시 포트엘리자베스를 떠난 버스는 밤 9시 40분경에 드디어 그라프레이넷에 도착했다. 작은 마을이라서 따로 버스정류장은 없고 KFC 옆 주유소가 정차하는 곳이었다. 이곳에서 20여km 정도 떨어진 곳에 있는 숙소를 예약하고 미리 픽업서비스를 요청해놓은 상태였다. 버스 타기 전에 전화로 몇 번이나 확인했고, KFC에서 만나기로 했다.

10분이 흘렀다. 미리 와서 기다려야 하는 거 아니야?

20분이 흘렀다. 오라는 차는 안 오고, 거지들이 한두 명씩 와서 돈을 구걸했다.

30분이 흘렀다. 아무렇지 않은 척 버티고는 있지만 점점 더 초조해졌다.

도저히 안 되겠다 싶어서 전화를 했다. 받지 않았다. 자동 응답만 나올 뿐. 이미 1시간 정도 흐른 상태였고, 밤 10시를 훌쩍 넘기고 말았다. 거리 쪽을 바라보니 이미 도착할 때부터 대부분의 상점은 문을 닫은 상태라 황량했다. 가을 밤바람만이 써늘하게 온몸을 휘감을 뿐이었다. 낯선 동네에서 어떻게 해야 이 상황을 벗어날 수 있을까? 막막했다. 픽업을 오지 않은 사람들에 대한 분노보다 지금 상황에 대한 걱정이 더 앞섰다. 일단 지도 앱을 켜보니 대로변에 호텔 하나가 검색되었다. 돈이 얼마가 나오든 간에 오늘은 거기서 잔다는 마음으로 발걸음을 옮겼다. 호텔만 생각하면서 침묵 속에 묻힌 거리를 계속 걷고 또 걸었다. 가까스로 호텔에 다다랐지만 불은 꺼져 있었고, 아예 문을 닫은 듯했다.

'난 이제 어디로 가야 하나….'

무작정 걸으며 숙소를 찾기 시작했다. 골목 안쪽으로 갈수록 불안감이 커졌다. 어디선가 누가 튀어나오는 건 아닐까 하는 생각에 식은땀이 등줄기를 타고 흘러내렸다. 아프리카에 와서 이만큼 긴장하고, 걱정해보긴 처음이었다. 그런데 저 멀리 어둠 속에 남자로 보이는 두 사람이 서 있었다. 몸은 경직됐지만 정신을 바짝 차리고 조심스레 한 발 한 발 다가섰다. 점점 더 가까워지면서 두 사람의 모습이 눈에 들어왔는데 생각보다 말끔한 차림이었다. 자세히 보니 가슴팍에 보안요원이라는 명찰이 붙어 있었다. 살았다. 살았어!

숙소를 찾는다고 하니까 두 사람 모두 자기 일처럼 걱정하며 나서서 도와주었다. 보안요원과 함께 숙소를 찾다가 마침내 전화 연락이 된 곳에 이르니 인상 좋으신 아주머니가 기다리고 계셨다. 방을 둘러보는데 이건 뭐 으리으리하게 멋들어진 숙소였다. 여행 중

늦은 밤 텅 빈 거리는 낯선 여행자에게 공포감을 안겨주었다

에 이렇게 좋은 숙소에서 자본 적은 없다. 고생 끝에 낙이 온다더니 처량한 배낭여행자에서 여유로운 여행자로의 승격 완료였다. 욕실엔 욕조도 있어서 간만에 몸을 담그고 오늘의 극심한 피로를 풀어냈다. 그런데 샤워를 하고 나와서 조용한 시간 속에 홀로 있자니 집이 너무 커 보였다. 복도에 있는 기괴한 그림이 문제였다. 뭔가 느낌이 으스스해지는 게 갑자기 무서운 생각이 들었다. 이 나이 먹고 왜 공포영화 장면이 생각나는지… 기껏 좋은 숙소 싸게 찾았다고 신났었는데 이젠 혼자 상상하고 무서워하고 앉아있으니 어이가 없었다. 그래도 반전에 반전을 거듭한 하루를 생각하니 피식 웃음이 났다.

나를 그라프레이넷으로 이끈 것은 황량한 계곡이라 불리는 한 장의 사진이었다. 다음 날 점심때가 되어서 간단하게 샌드위치로 허기를 때우고 산 전망대를 어찌 갈지 고민했다. 트레킹으로 가기엔 너무 멀고, 차로 가기에는 뭔가 애매했다. 주유소 근처에서 자전거를 끌고 온 아저씨께 물어보니 "너 혼자서는 갈 수 없어."라고 정확하지만 무뚝뚝한 답변이 왔다. 그런데 자꾸만 자세하게 일정을 묻는 것이었다.

"언제 갈 거냐? 정상에 얼마나 머물 거냐? 좀 기다릴 수 있겠느냐?"

의아해서 왜 그러냐고 하니까 일단 자기 집으로 가자고 했다. 자기가 아직 점심을 안 먹었으니, 점심을 먹고 같이 정상까지 가주겠다며 "너, 오늘 럭키데이야."라는 말을 던졌다. 살갑지는 않지만 친절함과 유머가 살아있는 분이었다.

남아프리카공화국

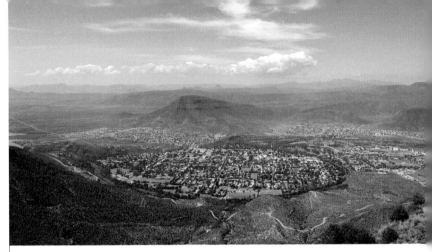

황량한 계곡이 있는 그라프레이넷의 사람들은 참 따뜻했다

인상 좋은 아저씨와의 점심 식사가 끝나고 드디어 작은 차에 올라 황량한 계곡을 볼 수 있는 산으로 향했다. 차로 가니 생각보다 금방 전망대에 도착했다. 실제로 보니 사진보다 훨씬 더 멋진 풍경이었다. 아저씨도 망원경으로 풍경을 감상하고 있었다. 덕분에 편하게 사진을 찍으면서 이 순간을 즐길 수 있었다. 여행자들이 거의 찾지 않는 이 마을까지 흘러들어와 우여곡절을 겪고 이곳에 선 느낌은 정말 짜릿했다. 내려가는 동안에 친절하고 고마운 아저씨랑 많은 이야기를 나누었다. 들어보니 그분은 폴란드에서 온 성직자였다. 그저 성격 좋고, 친절한 동네 아저씨인 줄로만 알았는데 역시 반전이었다.

뜻하지 않은 사건들이 반전을 거듭하며 나를 흔들었던 이곳인데 이제는 따뜻한 사람들의 호의 덕분에 마음이 평화로워졌다. 아쉬운 마음으로 소중한 이야기를 남기고 케이프타운행 버스에 올라 깊은 밤을 맞이했다.

어쩌다 보니 이곳까지 와버렸다. 광활한 대륙 아프리카는 여행자의 발걸음에 묵직한 긴장감을 부여했다. 풍문으로 들었던 사실을 눈으로 확인해야 했고, 사건 사고를 겪은 사람들을 만나다 보니 더욱 조심하며 다녀야 했다. 그에 비하면 상대적으로 치안이 잘되어 있고, 여행자가 많은 케이프타운은 평안한 안식처였다. 몸에 긴장이 풀어져서인지, 뭔가 해냈다는 안도감 때문이었는지 컨디션이 바닥을 치고 있었다. 이제 이곳에서 아프리카 여행을 마무리하고 새로운 대륙인 남미로 넘어가야 한다. 그러려면 마지막까지 여행자로서 후회 없도록 케이프타운을 느껴볼 필요가 있었다.

다행히 요하네스버그에서 헤어졌던 일행들을 다시 만났다. 마침 차를 빌려서 희망봉을 보러 간다고 해서 기쁜 마음으로 합류했다. 오랜만에 관광객 모드로 전환하고, 편하게 케이프타운의 명소를 돌아볼 생각이었다. 물개가 있는 후트베이, 희망봉과 케이프포인트, 펭귄이 있는 볼더스 비치까지 하루를 꽉 채워 많은 곳을 보았다. 아무 생각 없이 사진 찍고, 보고 또 사진을 찍었다. 가끔은 특별한 생각 없이 의미를 부여하지 말고 있는 그대로를 보고 즐기는 것도 좋은 것 같다.

아프리카 여행의 마지막 날에 테이블마운틴에 올랐다. 저 멀리 20년간 만델라 대통령이 갇혔었던 로벤섬이 보였다. 남아공 월드

저 멀리 보이는 곳이 이름으로 더 유명한 희망봉이다

케이프타운 볼더스 비치에 가면 아프리카 펭귄을 가까이에서 만날 수 있다

컵 때 축구 열기로 가득했던 경기장도 보였다. 하지만 그림 속 풍경처럼 아름다운 대자연을 즐기면서도 마음속은 딴생각으로 가득했다. 이제 곧 만나게 될 남미에 대한 생각의 조각들이 나를 지배하고 있었다. 이제 다시 새로운 대륙으로 모험을 떠나는 것이다. 설렘과 기대로 두근두근 가슴이 뛰었다.

선택 그리고 선택

인생을 살면서 수많은 선택의 기로에 선다. 하지만 여행만큼 선택의 순간이 자주 찾아오지는 않는다. 어느 나라에 갈지, 어느 도시에 들를지, 어디에서 잘지, 무엇을 먹을지, 어떤 것을 할지… 선택의 연속이다. 그 과정을 통해 선택으로 인한 어떤 결과라도 받아들여야 하는 여행자 숙명을 맞이하게 된다. 때로는 기가 막힌 선택도 하지만 가끔은 왜 이렇게 멍청한 선택을 했나 싶을 정도의 순간도 찾아온다. 하지만 괜찮다. 그 선택을 한 것도 나고, 그 결과를 지켜보는 것도 나다. 갈수록 조금 더 합리적이고 괜찮은 선택을 하면서 여행의 기술은 좋아지며 스스로 진짜 여행자로 성장하는 것을 느낄 수 있으니까.

비행기 탑승 횟수 4회, 총 소요 시간 43시간.

남아공 케이프타운을 출발한 비행기가 카타르 도하 공항에 연착하는 바람에 연결되는 리우행 비행기를 놓쳐버렸다. 나를 비롯해 수십여 명의 승객은 카타르에 발이 묶이고 말았다. 항공사 카운터가 시끌벅적 난리가 났다. 진상은 우리나라에만 있는 것이 아니었다. 무리한 요구를 하는 승객들이 내 앞에서 온갖 난리를 피우고 있었다. 드디어 내 차례가 되었다. 이미 지친 눈빛을 하고 나를 바라보는 직원에게 정확하게 이야기했다.

"아 엠 낫 앵그리 앤드 아이 니드 저스트 티켓 투 리우."

미소를 지으며 이렇게 이야기했더니 직원들이 다가와 화를 내지 않아서 정말 고맙다고 이야기했다. 이미 벌어진 상황에서 화를 낸다고 해결될 것은 없었다. 그저 이 상황을 받아들이고 빠른 해결을 위해 힘을 내야 한다. 잠시 후 항공사 직원은 웃으며 나를 위한 가장 빠른 브라질행 티켓을 찾았다고 기뻐하며 티켓팅을 해줬다. 2시간 후에 출발이라 기쁜 마음에 티켓을 자세히 보니 영국 런던을 경유해서 브라질 리우로 가는 비행기였다. 아… 런던에서 아프리카를 종단해 남아공까지 갔는데 다시 런던으로 가다니… 이런 여정이 될 거라고는 상상하지 못했다. 그런 우여곡절 끝에 런던을 찍고 대서양을 건너 세계일주를 떠난 지 200일 만에 남미의 관문 브라질에 도착했다.

리우데자네이루에서는 꼭 해 보고 싶은 것이 있었다. 구원의 예수상을 보기 위해 산 정상까지 가는 등산열차에 올랐다. 위에 도착하니 세계 7대 불가사의 중 하나로 선정된 구원의 예수상의 뒷모습이 보였다. 그리고 리우의 아름다운 전경이 시원하게 들어왔다. 드디어 브라질 미션을 수행하는 순간이 왔다. 구원의 예수상을 정면으로 볼 수 있는 곳에 가방을 베개 삼아 자리를 잡고 누웠다.

'아… 이 느낌이구나!'

눈 맞춤이 이뤄지는 각도였다. 평안한 마음에서 우러나오는 미소가 얼굴에 번졌다. 그런데 갑자기 사람들이 사진을 찍어달라고 부탁하기 시작했다. 아무래도 누워서 바라보는 게 더 좋은 각도라고 생각했는지 여기저기서 계속 말을 걸어왔다. 졸지에 세상에서 가장 편한 자세로 사진을 찍는 사진사가 되고 말았다.

한참을 누워 있다가 리우의 전경을 제대로 보고 싶어 몸을 일으켰다. 세계 3대 미항이라는 타이틀이 아주 잘 어울리는 파노라마가 펼쳐졌다. 저 멀리 마라카낭 축구경기장도 보였다. 축구 하면 브라질, 브라질 하면 축구다. 축구팬으로서 축구의 성지를 바라보는 것만으로도 가슴이 뜨거워졌다.

여유롭고 행복한 시간을 마무리하고 처음 출발한 곳으로 돌아왔다. 숙소는 무슨 큰일이라도 난 것처럼 소란스러웠다. 휴게실로 가 보니 브라질과 이탈리아 축구대표팀의 친선경기가 펼쳐지고 있었다. 브라질에서 브라질대표팀 경기를 생중계로 보게 되다니. 다른

구원의 예수상에서 바라본 리우데자네이루

여행자들과 어울려 열심히 브라질을 응원하며 신나는 시간을 보냈다. 말은 잘 통하지 않았지만 축구로 하나 되어 즐길 수 있다는 것 자체가 굉장히 유쾌한 일이었다.

구름 위의 구원의 예수상을 올려다볼 때 더욱 신비로웠다

지난밤 저녁도 먹을 겸 숙소 근처를 슬리퍼를 신고 돌아다녔다. 마치 리우의 일상인이 된 것처럼 카메라도 들지 않고 편하게 여기저기를 쏘다녔다. 낮에 이미 한 번 돌아본 거리라서 친숙한 느낌마저 들었다. 허름한 식당에 들어가 현지인 기분을 내며 맛있게 밥을 먹고 밤 9시경에 숙소에 돌아왔다. 그런데 문이 잠겨 있어서 벨을 누르니 숙소 직원이 놀란 눈으로 얼른 문을 열어주며 어디 갔다 왔냐고 안도의 한숨을 쉬며 이야기를 해줬다. 이 숙소 근처는 우범지대라서 낮에도 강도가 많고 밤이면 정말 위험하다면서 정말 큰일 날 뻔했다고 절대 나가지 말라는 경고까지 했다.

아차 싶었다. 여행자가 절대 하지 말아야 할 방심을 하고 말았다. 치안이 안 좋기로 소문난 이 도시에서 겁도 없이 그렇게 쏘다니는 것은 그냥 사건 사고의 구렁텅이로 스스로를 밀어 넣는 것과 같았다. 아프리카 대륙을 벗어나 남미 대륙에 무사히 왔다고 경계심을 너무 내려놓은 것 같아 다시금 정신을 차렸다. 며칠 후 뉴스에서 리우 공항에서 시내로 들어오는 버스에서 총기 강도가 발생해 모두가 가진 돈과 귀중품을 털렸다고 했다. 여행지에서 내가 당하지 않았다고 해서 안전한 곳은 아니다. 그저 운이 좋았던 것일 수도 있다.

한낮의 열기를 맞으며 코파카바나 해변으로 향했다. 모래사장에

거친 파도와 정열적인 브라질리언들을 만날 수 있는 코파카바나 해변

들어서니 반짝이는 햇살에 해변은 더욱 눈부셨다. 서핑으로 유명한
곳이라던데 명성만큼 거칠고 높은 파도가 몰아치고 있었다. 한참을
넋을 잃고 거센 파도를 바라보았다. 건강미가 넘치는 브라질리언들
과 사진을 찍고 이야기를 나누다 보니 특유의 흥을 느낄 수 있었다.
해변에 오면 수영복을 입고 바다를 즐기는 사람이 있는가 하면 그
냥 이 순간을 즐기며 예쁜 사진만 찍다가 가는 사람도 있다. 카메라
를 놓지 않는 걸 보면 나는 추억을 열심히 담으려고 하는 쪽이 분명
했다.

아르헨티나

ARGENTINA

여행자와 여행지 사이의 케미

남녀 사이나 친구 사이에만 케미가 있는 것은 아니다. 여행자에겐 자신과 케미가 맞는 여행지가 있다. 케미가 맞는지 아닌지는 여행지에 가 봐야 온전히 느낄 수가 있다. 유명세가 자자한 여행지가 내게는 별로일 수 있고, 다들 별로라고 했던 여행지가 정말 인상적이고 괜찮은 여행지일 수도 있다. 여행지에서 일어날 수 있는 다양한 변수가 케미에 큰 영향을 미치기 때문이다.

유난히 날씨가 좋아 사진이 멋지게 나왔거나

좋은 사람들을 만나 친절함을 느끼고 훈훈했거나

우연히 찾은 곳에서 맛있는 음식을 먹었거나

쉽게 경험할 수 없는 재밌는 에피소드가 있었거나

여행지를 특별하게 해주는 일들은 다양하게 일어날 수 있고, 그로 인해 여행자와의 케미가 제대로 발생하는 것이다. 여행지에 대한 어설픈 정보로 섣불리 판단하거나 배제하면 아주 괜찮은 여행지를 놓칠 수도 있다.

이구아수폭포는 브라질, 아르헨티나, 파라과이 3국에 걸쳐 있다. 원래는 모두 파라과이 땅에 있었는데 오래전 파라과이와 우루과이 사이에서 전쟁이 벌어졌고, 우루과이와 연합군을 형성한 브라질, 아르헨티나와 싸운 파라과이는 완패하고 말았다. 바로 그때 이구아수를 양쪽 나라에 빼앗겨 삼등분되고 말았다. 이구아수는 유네스코 세계자연유산에 선정되었고, 대부분의 여행자들은 파노라마뷰가 아름다운 브라질 쪽과 악마의 목구멍이 있는 아르헨티나 쪽으로 가 버리니 엄청난 수익을 놓친 파라과이는 억울해할 만한 일이다.

아르헨티나에 도착하긴 했지만 40분 정도 버스를 타고 국경 너 머 브라질 쪽의 포스두이구아수에 도착했다. 이구아수폭포는 어마 어마한 스케일로 여행자들을 반겨주고 있었다. 입구에서 폭포 근처 까지 버스를 타고 가서 좀 걷다 보니 거친 폭포 소리가 들렸다. 그 리고 하얗게 포말이 날려 왔다. 드디어 이구아수를 직접 만나는 순 간이었다.

"우어….."

더 이상의 말은 필요치 않았다. 그 어떤 표현으로도 이 감동을 온전히 담아내긴 어려울 것 같았다. 파노라마로 찍어도 제대로 담 기 힘들 정도로 엄청난 규모였다. 쏟아지는 물을 보고 있으면 가슴 깊은 곳까지 시원해지는 청량감이 들 정도였다. 두 눈에 담고 사진에 담고 마음에까지 담고 싶은 대자연의 위엄이 가득한 풍경이었다. 이 순간을 두 발로 서서 현장에서 느낄 수 있어서 감사하고 행복했다. 진한 감동의 크기가 커서 여운이 쉽게 사라질 것 같지 않았다. 내일 보게 될 아르헨티나 쪽을 기대하면서 떨어지지 않는 발걸음을 어렵게 돌려야만 했다.

브라질 쪽에서의 엄청난 광경에 이미 만족도가 차 있었지만 이름만으로도 기대감을 불러일으키는 '악마의 목구멍'을 보기 위해서 다시 아르헨티나 방면의 이구아수로 간다. 꼬마 기차를 타고 종착역에 내려 악마의 목구멍을 향해 발걸음을 옮겼다. 한 15분 정도 걸어가니 저 멀리서부터 하늘로 솟아오르는 포말이 보였다. 이 소리는 뭐지? 우렁차게 울려 퍼지는 폭포의 파괴음이었다.

"우르르콰차차 쏴르르콰르르"

한동안 말을 잃고 말았다. 정말 세상의 모든 물을 빨아들일 듯이 엄청난 양의 물이 한 곳으로 쏟아지고 있었다. 그 파괴력으로 물보라는 하늘로 솟아오르고 있었고 사진을 찍기 힘들 정도로 포말들은 넘쳤다. 폭포를 위에서

브라질 쪽에서 바라본 이구아수 파노라마

바라보는 데도 이 정도인데 아래쪽은 상상 불가였다. 뭐든 저 폭포로 빨려 들어가면 영원히 헤어 나오지 못할 것만 같았다.

'악마의 목구멍'

아주 잘 어울리는 이름이었다. 오늘의 한 방은 바로 여기에 있었다. 야구로 치면 가슴속까지 시원한 만루홈런을 치는 장면을 보듯 짜릿하고 통쾌한 순간이 펼쳐지고 있었다.

세상의 모든 물을 빨아들이는 듯한 '악마의 목구멍'에서… 부러운 사람들

'무이 부에노muy bueno'는 스페인어인데 아주 좋다는 뜻이다. 아르헨티나의 수도 부에노스아이레스가 주는 느낌이 바로 그랬다. 오늘은 첫 번째 목적지는 엘 아테네오다. '세상에서 가장 아름다운 서점'이라고 이름 붙여주고 싶을 만큼 멋진 곳이다. 오페라극장을 개조해 만든 서점은 그야말로 하나의 예술품이었다. 사진을 찍거나 앉아서 쉬어도 누구도 간섭하지 않는다. 이렇게 멋진 곳에서라면 온종일 책을 읽을 수 있을 것만 같았다.

부에노스아이레스에서 맞이하는 새로운 아침, 500달러가 사라진 것을 확인하고 멘붕에 빠지고 말았다. 후원자들이 보내주는 피 같은 돈을 도둑맞다니…. 심적 타격이 컸다. 케이프타운 숙소에서 도둑맞은 현금 500달러는 아르헨티나 환율 문제 때문에 더 크게 다가왔다. 경제 상황이 좋지 않은 이곳에서는 현금을 현지 화폐로 환전하는 것이 훨씬 큰 이익이었다. 그런데 난 달러가 거의 없었다. 속 편하게 환율을 무시하고 ATM에서 팍팍 빼서 쓸 만한 처지도 아니었다. 대안을 찾아야만 했다. 작전을 세워야만 했다. 달러를 확보하기 위해서.

작전명 '우루과이에 가서 달러를 털어 와라'

여행자들 사이에 믿을 만한 정보가 있었다. 우루과이에 있는 ATM에서는 달러가 빠진다는 것이었다. 방법은 아주 간단했다. 배를 타고 우루과이 콜로니아로 가서 ATM을 찾아 달러만 빼 오면 되는 거였다. 숙소에서 만난 여행자들도 비슷한 처지라 달러 확보 미션을 안고 우루과이 콜로니아로 향했다. 콜로니아에 도착해 거리로 나서니 한적한 시골 마을 분위기였다. 한 10분쯤 걸어가서 드디어 정보통에서 확인한 ATM을 찾을 수 있었다. 앞에 몇 사람이 기다리고 있어서 대기하고 있는데 안에서 나오는 사람이 "노 달러"라고 말을 하는 것이었다.

'설마… 그럴 리가… 없어.'

배를 타고 국경을 넘어 여기까지 왔는데 달러가 없다니… 직접 확인하고 나니 희망에서 절망으로 떨어지는 건 한순간이었다. 혹시 몰라 물어물어 다음 ATM으로 갔다. 거기서 일본 여행자들을 만났다. 달러를 확보하기 위해 온 사람들은 우리뿐만이 아니었다. 그들 말고도 더 많은 사람들이 달러를 원하고 있었다. 같은 목적을 가진 동지이면서 경쟁자였다. 몇 시간을 마을을 뒤지고 뒤졌지만 달러가 있는 ATM은 없었다.

배를 타기까지 2시간 정도밖에 남질 않았다. 마음을 비우고 한적한 우루과이 시골 마을을 돌아다니다 보니 마음이 잔잔해졌다. 간단하게 햄버거로 늦은 점심을 먹고 페리터미널로 갔다. 체크인을 할까 하다가 잠깐 의자에 앉아 쉬는데 저 구석에 있는 ATM에 사람들이 모여 있었다. 이건 뭔가 있는 거였다. 그쪽으로 가서 막 돈을 빼고 나오는 사람에게 물었다.

"달러?"

"달러!"

그렇다. 내가 콜로니아를 뒤지고 다니던 사이에 바닥이 났던 ATM에 직원들이 와서 달러를 채우고 간 것이었다. 다리가 풀리는 것 같았다. 이런 반전이 기다리고 있었다니. 서둘러 카드를 넣고 신나게 달러를 인출했다. 만만치 않은 미션이었지만 계획에 없던 우루과이 여행까지 더해졌으니 이번 미션은 대성공이었다.

부에노스아이레스에서 쉽게 만날 수 있는 거리 탱고 공연

우루과이의 바닷가 마을 콜로니아에서 인증샷

세상의 끝.

어감이 주는 묘한 매력이 있는 곳이며 평화롭고 아름다운 마을
이다. 한국에서 가장 멀리 떨어져 있으면서 시간은 반대로 흐르는
곳이기도 하다. 시차가 12시간이라서 한국이 자정일 때 이곳은 정
오다. 지구 반대편에서 내가 그리워하는 사람들과 다른 시간 속에
서 하루를 채우고 있는 셈이다. 세계일주를 떠난 지 7개월이 훌쩍
지났다. 떨리는 마음으로 인도 델리 공항에 내린 게 엊그제 같은데
시간 참 빠르다.

오늘은 그저 걷고 싶은 날이었다. 이곳까지 흘러온 길을 생각하
면서 말이다. 아름다운 풍경에 시선을 두고 한참을 서 있었다. 평소
같으면 바로 카메라를 꺼내 사진을 찍느라 정신이 없었겠지만 오
늘은 다르다. 몇 분 사이에 눈앞의 멋진 장면이 사라지지 않을 것을
알기에 느긋하게 여유를 누리고 싶었다. 그렇게 길을 거닐면서 귀
에는 이어폰을 꽂고 흘러나오는 음악에 취했다. 가수 김광석의 내
레이션이 흘러나왔다. 할리데이비슨 오토바이를 타고 세계일주를
하고 싶다는 내용이었는데 그분은 가고 없고, 지금 난 세계일주를
하고 있다. 이 동네 참 이상하다. 사람을 감성적으로 만드는 묘한
매력이 있는데 세상의 끝이라서 그런 게 분명하다.

하루를 잘 보내고 오늘은 비글해협 투어를 위해 나섰다. 비글해

협의 가장 큰 매력은 다양한 동물들을 볼 수 있다는 것이다. 바다사자, 황제가마우지, 펭귄 그리고 고래까지. 바다를 벗어나면 우수아이아의 대자연을 좀 더 느낄 수 있다. 특히 그곳에서 만난 버티나무는 강렬한 인상을 주었다. 세상의 끝에서 부는 매서운 칼바람을 온몸으로 버티고 서 있는 모습에서 깊은 감동을 받았다. 그래서 버티나무라고 이름을 지어주고 싶었다. 아름다운 풍경을 거닐고 그 안에서 다시금 삶을 돌아볼 수 있다는 것은 꽤나 낭만적이고 멋진 일이다. 이곳은 그 모두가 가능한 세상의 끝, 우수아이아이다.

1. 우수아이아의 평화로운 풍경은 사람의 마음을 부드럽게 어루만져준다
2. 비글해협에서는 바다사자와 황제가마우지를 눈앞에서 볼 수 있다
3. 모진 바람에도 꿋꿋이 버티고 있는 버티나무

1. 엘 칼라파테에 가면 페리토모레노 빙하를 만날 수 있다
2. 엘 찰텐에서 다가설 수 있는 명산 피츠로이

바람이 불어오는 곳

바람은 바깥에서만 부는 것은 아니다. 때로는 마음 안에서 몰아치는
바람이 더 거세게 느껴지고 거기에 더 많이 흔들리기도 한다. 마음에
거센 바람이 불어올 때 무작정 피하기보다는 한 번쯤 그 바람을 맞으
며 흔들려봐야 한다. 그래야 내가 어디로 넘어질지, 그리고 다시 일어
날 땐 어디로 어떻게 일어나야 할지 생각할 수 있을 테니까.

세상의 끝과 남극은 우수아이아에만 관련된 말은 아니다. 지리적으로 봤을 때 우수아이아는 섬이라서 실제 대륙의 끝은 이곳 푼타아레나스라고들 한다. 또한 남극 여행은 우수아이에서 가는 경우가 많지만 실제로 남극에서 연구 활동을 하는 사람들이 출발하는 베이스캠프가 바로 이곳 푼타아레나스다. 마젤란이 이곳을 발견하고 항로를 개척한 후 거의 모든 배들이 이곳을 거쳐 가며 번성했지만 그 영광의 시대는 파나마 운하가 뚫리면서 역사 속으로 사라지고 말았다. 이제 푼타아레나스는 남극에서 부는 차가운 바람과 여행자들이 머물다 가는 조용한 마을이 되었다. 나 역시 토레스 델 파이네 트레킹을 위해서 잠시 스쳐 가듯 지나쳐 푸에르토 나탈레스로 향했다.

트레킹을 좋아하는 사람들이 꿈꾸는 그곳. 토레스 델 파이네 트레킹은 대개 W코스로 3박 4일의 일정이다. 중간에 산장 같은 숙소가 있긴 하지만 예약이 쉽지 않고 가격도 비싼 편이었다. 따라서 일정 모두 캠핑을 해야만 한다. 텐트, 침낭, 4일 치 식량, 식기, 매트리스, 가스스토브 등 기본적으로 챙겨가야 할 게 정말 많았다. 고스란히 배낭에 담아가야 하니 그 무게도 모두 감당해야 했다. 이 정도면 난이도는 최상급이다. 오로지 혼자서 모든 것을 해내야 하는 쉽지 않은 트레킹이 기다리고 있었다.

한가롭게 거닐고 있는 과나코

　2시간 반 정도를 달려서 토레스 델 파이네 국립공원 매표소
에 도착했다. 페리에 올라 Peohe호수를 건너가면서 바라보는
풍경은 기가 막혔다. 벌써부터 눈이 호강이었다. 아름다운 대
자연 속으로 들어가고 있다는 게 실감 났다. 파이나그란데 캠
핑장에 텐트를 설치하고, 그레이빙하를 향해 발걸음을 옮겼
다. 전망대에 도착하니 잿빛 호수에 둥둥 떠다니고 있는 푸른
빙하가 부조화의 절정에서 아름답게 빛나고 있었다. 신비로운
푸른빛을 띠고 있는 아름다운 자연의 걸작이었다.
　캠핑장에 돌아와 침낭에 몸을 파묻고 이른 잠을 청했지만
쉬이 올 것 같지가 않았다. 설산에서 내려오는 바람과 빙하호
에서 올라오는 찬바람이 캠핑장에서 만난 듯싶었다. 그것도

내 텐트 주변에서 말이다. 와들와들 계속 떨면서 뒤척이다가 잠을
잔 건지 눈을 감고 버틴 건지 모르겠다. 문득 텐트를 흔드는 밤바람
속에 홀로 있다는 것이 굉장히 외롭다고 느껴졌다. 외로워서 더 추
운 게 아닐까 하는 생각까지 들었다. 따뜻한 사람의 목소리와 체온
이 그리운 밤이었다.

그레이빙하를 향해 걷다 보면 대자연 속으로 점점 빠져들게 된다

002 토레스 델 파이네 트레킹 - 이게 트레킹이야, 행군이야?

오늘은 생각을 하며 걷기로 했다. 토레스 델 파이네에서 여러 가지로 힘든 상황을 견디면서 '상처'에 대해 생각해보기로 마음먹었다. 인생을 살아가면서 누구나 상처를 주기도 하고 받기도 한다. 그런 과정에서 조금씩 덜 아프기 위해 조심스러워진다. 그렇게 한 살 한 살 나이를 먹어가면서 성숙해지는 거라고는 하지만 쉽지는 않다.

내가 상처를 준 사람들

내게 상처를 준 사람들

머릿속에 그 사람들을 한 번씩 떠올려 봤다. 이미 지나간 상황이고 흘러가버린 시간 속의 일이라서 어찌할 수 없는 건 잘 안다. 하지만 한 번쯤은 마음속에서라도 용서하고, 용서받고 싶었다. 그 사람의 이름을 떠올리고 '미안해.'를 백번 되뇌었다. 그 사람의 이름을 떠올리고 '괜찮아.'를 백번 되뇌었다. 무거운 배낭 때문에 점점 더 몸은 가라앉았다. 하지만 점점 더 가벼워지는 마음 덕분에 다리에는 힘이 들어갔다. 이렇게 하는 것이 결국에는 나를 위한 의식이라는 걸 부정하고 싶지는 않았다.

그런데 오늘은 정말 행군 같다. 군대 가자마자 겪는 훈련소 생활, 그 기간 중 하이라이트는 단연 행군이다. 미친 듯이 걷고 또 걷다가 근처 부대에 가서 미지근한 컵라면 한 사발을 비우고, 길을 돌고 돌아 다시 부대로 돌아오는 길엔 지치고 힘들어서 한계에 다다르고 결국엔 악이 바쳐서 미칠 지경이 된다. 그리고 결국 도착한 훈련소 연병장에 모두들 누워서 멍하니 하늘을 바라보고 있노라면 이 타이밍을 놓치지 않고 조교가 한마디 한다.

"다들 고향에 계신 어머니를 향해 큰 소리로 복창합니다. 발사!"

"어머니…."

얼마 지나지 않아 연병장은 울음바다가 되고 만다. 다 컸다고 생각한 대한민국의 젊은 청년들은 그렇게 울보가 되는 것이다.

문득 오늘 그날의 순간이 스쳐 갔다. 이렇게 힘든 길을 왜 선택해서 왔을까? 아름다운 풍경만 보자면 투어를 하든, 돈을 좀 써서 좋은 데서 잘 수도 있었을 텐데 굳이 가장 고생스럽고 힘겨운 트레킹과 캠핑을 동시에 선택하고 이 길에 섰을까….

그것은 바로 이런 글을 쓸 수 있는 시간이 필요했던 거라고 이유를 달고 싶다. 대자연 속에서 홀로 걸으며 많은 것을 얻을 수 있을 거라 생각하고 온 것이다. 몇 시간을 더 걸어서 드디어 토레스캠핑장에 도착했다. 텐트를 치면서 토레스에서 마지막 밤이라 생각하니 뭔가 서운한 듯하면서도 시원한 마음이 들었다. 그러면서 무모한 내기를 하고 싶어졌다. 오늘 낮에 내가 용서를 구했던 사람들이 이미 나를 용서했다면 내일 아침엔 해가 뜰 것이다. 그래서 붉은 태양을 맞이하며 찬란하게 빛나는 토레스 삼봉을 볼 수 있을 것이다. 과연 내기를 이길 수 있을 것인가?

어두운 새벽. 랜턴 하나에 의지해 칠흑 같은 시간을 가르며 길을 나섰다. 토레스 델 파이네의 정점인 토레스 삼봉을 만나러 가는 중

이곳에서 쉽게 볼 수 있는 빙하와 설산의 위용

이었다. 텐트 이곳저곳에서 부스럭거리는 소리가 들리고 사람들도 슬슬 움직이기 시작했다. 랜턴 하나로 길을 밝혀 가기엔 산길이고 돌길이라 쉽지 않았다. 땀을 흘리며 1시간 정도 걸어서 간신히 정상에 도착할 수 있었다.

아직은 동이 트질 않았다. 저 멀리서 서서히 뜨거운 태양이 솟으려고 하는 것 같았다. 토레스 삼봉 쪽을 보니 날이 심상치 않았다. 구름이 엉켜있는 듯하더니 이내 비가 쏟아지기 시작했다. 아… 결국 무모한 내기는 지는 것으로 끝날 것 같았다. 드디어 조금씩 날이 밝아오면서 토레스 삼봉이 그 자태를 드러내기 시작했다.

우와! 찌릿한 전율이 밀려왔다. 구름에 가려져 보일 듯 말 듯 신비로운 분위기 속에서 토레스 삼봉은 우뚝 솟아 있었다. 인간이란 존재는 대자연 앞에서 정말 작은 존재구나. 엄청난 규모와 신비로운 분위기 때문인지 말로 표현하기 힘든 울림이 있었다. 더 늦기 전에 꼭 와서 볼만한 장관이었다. 그렇게 한참을 토레스 삼봉과 어우러진 호수의 전경을 넋을 놓고 바라보았다. 서쪽에서 W트레킹을 시작해 여기까지 오는 선택은 정말 탁월했다. 하루하루 토레스 삼봉에 다가서는 그 느낌이 좋았다. 맛있는 음식을 남겨두고 아끼고 아끼다가 마지막에 한입에 쏘옥 넣는 그런 느낌이랄까.

토레스 삼봉 아래 펼쳐진 에메랄드빛 호수에 어제 마음속에 담아두었던 많은 생각을 비워냈다. 아마도 이 신성하고 아름다운 호수는 내 마음속 번민을 받아줄 수 있을 것 같았다. 어느덧 날이 환하게 밝아 있었다. 그리고 토레스 델 파이네에는 촉촉한 비가 하염없이 흩날리고 있었다. 이제 내려가야 할 시간이다. 토레스 델 파이네 트레킹은 도전이라는 말이 잘 어울리는 곳이었다. 3박 4일 동안 인상적이고 강렬하게 다가온 이 느낌을 오래도록 간직하고 싶었다.

걷고 또 걷고 계속 걸어야 하는 것이 W코스의 숙명이다

구름 속에서 신비로운 분위기를 만들어내는 토레스 삼봉

003   산티아고에는 성모 마리아상과 흔들리는 사람이 있다

사람의 마음은 쉼 없이 흔들리고 또 흔들린다. 좋았다가 싫어지고, 싫어했다 좋아지고. 그렇게 흔들리고 있다. 주체할 수 없는 유쾌함에 빠졌다가도 이유 없는 고독에 고개를 떨구기도 한다. 가벼움과 무거움은 시소를 탄 듯 왔다 갔다, 유쾌함과 우울함은 그네를 탄 듯 오르락내리락. 어찌 이리 깃털처럼 가볍고, 갈대처럼 흔들리는 것인지….

칠레의 수도 산티아고에 있는 성모 마리아상 아래 앉아 성가에 귀를 기울이며 생각에 잠기고 또 잠겼다. 멀리 바라다보이는 안데스산맥과 산티아고 도심의 모습은 비현실적으로 느껴졌다. 내가 지금 어디에 와 있는 거지? 내가 지금 무슨 생각을 하고 있는 거지?

'흔들림'

누가 나를 흔드는 게 아니라 내가 나를 흔드는 것은 아닐까? 꼬리에 꼬리를 무는 생각들은 잔잔한 마음에 돌을 던지듯 파장을 일으켰다. 그 파장은 퍼지고 퍼져서 스스로를 돌아보는 시간을 갖게 해주었다. 복잡한 상념에 빠지고 싶어서 이곳에 올라온 게 아니었다. 다만 이곳의 경건하고 평안한 분위기와 부드럽게 흐르는 성가는 한동안 나를 그렇게 휘어잡았다. 그런 시간이 지나고 나자 뭔가 무겁게 마음을 내리누르던 복잡한 생각덩이가 조금씩 사라지기 시작했다. 그저 가만히 앉아 휴식을 취하다 보니 어느덧 마음에 평화가 찾아들었다.

오전 내내 다소 어두워졌던 마음은 이내 촛불을 밝힌 듯 서서히 환해져만 갔다. 푸니쿨라를 타고 다시 현실 세계로 내려왔다. 같은 숙소에 머물던 여행자들을 만나 가볍게 낮술을 한잔했다. 얼굴이 발갛게 달아올랐다. 한가롭게 터덜터덜 발걸음을 옮기며 산티아고의 거리를 서성였다.

아르마스 광장의 낯익은 성당 앞에 앉아 사람들을 바라보았다. 저들도 인생의 길을 거닐면서 무수히 흔들리겠지… 그리고 그 흔들림을 이겨내고 다시 길 위에서 열심히 삶을 살아갈 것이다. 흔들리지 않고 피는 꽃은 없을 테니까 말이다.

성모 마리아상을 바라보며 생각에 잠기다

볼리비아

BOLIVIA

여행의 시작은 로망

그곳에 가고 싶다는 생각의 조각 하나에서 시작한다. 언젠가 그 조각들이 쌓이고 모여서 하나의 그림으로 완성되는 순간 눈을 떠 보면 바로 그곳에 여행자로 서 있을 것이다. 다른 사람의 이야기로 머무는 것이 아니라 내 이야기로 만들기 위해서는 로망이 필요하다.

붉게 물든 우유니 소금사막의 사진 한 장에서 시작할 수도 있다. 언젠가 두 발로 서서 느끼는 여행지의 현장감은 어떤 말로도 설명할 수 없을 정도의 큰 희열을 가져다줄 수도 있다. 정말 갈 수 있을지 없을지는 아무도 모른다. 그래도 여행에 대한 로망을 품고 사는 것이 조금은 더 행복하지 않을까?

우유니는 여행자들이 로망으로 꿈꾸는 곳이며 세계에서도 손꼽힐 만큼 아름다운 풍경으로 유명한 곳이다. 무엇보다 여행자를 이끄는 이유는 지구상에서 쉽게 볼 수 없는 드라마틱한 장면이 펼쳐지기 때문일 것이다. 우기 때 물이 차면 어디가 하늘인지 땅인지 구분이 안 되는 환상적인 장면을 만들어내는 멋진 곳이다.

지프를 타고 드넓은 우유니로 향했다. 소금호텔 근처에서 소금을 채취해 트럭에 싣는 풍경을 보니 새삼 이곳이 소금사막이라는 실감이 들었다. 눈부신 풍경 때문에 선글라스를 낄까 하다가 하얀 세상을 온전히 보고 싶어 두 눈으로 마음껏 담아보았다. 갑자기 하얀 소금바닥에 눕고 싶다는 생각이 들어 벌러덩 누워버렸다. 등줄기를 타고 선선한 기운이 퍼져나갔다. 햇살이 온몸에 내려 앉아 살아 있음을 느끼게 해줬다.

"아~ 좋다!"

가슴속부터 터져 나와 큰 소리로 내뱉은 한마디였다. 정말 이 순간이 좋았다.

이제 하이라이트인 물이 찬 우유니를 찾아 바짝 말라붙은 소금밭을 거침없이 달리고 달렸다. 얼마를 달렸을까? 어느덧 저 멀리 물이 있는 곳이 보이기 시작했다. 드디어 물이 있는 우유니 소금사막을 볼 수 있는 것인가… 잠시 후 차가 멈춰 섰고, 가이드 조니가 건네주는 장화를 신고 차 밖으로 나갔다. 찰랑찰랑 장화를 신고 물 위를 걸으니 맑고 경쾌한 물의 울림이 전해졌다.

아! 여기구나. 왜 사람들이 물이 찬 우유니를 보고 싶어 하는지를 알 수 있는 그림 같은 풍경이 펼쳐져 있었다. 저 멀리 산이 호수 안에 들어와 있었고, 저 높은 구름들도 물 위를 거닐고 있었다. 한 번뿐인 인생에서 늦기 전에 꼭 한 번은 봐야 할 풍경이 지금 눈앞에 있었다. 어떤 수식어로도 쉽사리 꾸며낼 수 없는 자연이 만들어낸 본연의 아름다움이었다. 그리고 그 안에 내가 두 발로 서 있었고, 두 눈으로 보고 있었고, 온몸으로 느끼고 있었다.

'행복'

그 단어가 정말 순수하게 떠오르는 순간이 지금이었다. 그 무엇도 아닌 그저 이곳에 있어서 행복하다는 마음밖에 들지 않았다. 세계일주를 떠나와서 무수히 많은 아름다움에 다가섰지만 오늘만큼 진한 감동과 깊은 행복을 느낀 날은 흔치 않았다. 우유니는 그저 사랑이었다.

우연히 만난 영준이 덕분에 우유니의 반영을 만날 수 있었다

거울 위에 선 것처럼 아름답고 신비로운 우유니 소금사막

평화로운 마을 수크레 여정을 마무리할 시점이 왔다. 이제 볼리비아의 수도 라파스로 이동해야만 한다. 그런데 나는 왜 짜증을 내고 있을까?

출발 시간 30분 전에 맞춰서 버스터미널에 왔다. 하지만 버스 출발 시간이 달라졌다고 통보받았다. 무작정 이곳에서 3시간을 기다려야 하는 상황을 받아들이기 힘들었다. 일단 직원들한테 이 상황에 대해 짜증을 내고 배낭을 맡긴 채 대합실 의자에 털썩 주저앉았다. 뛰어오다가 급하게 사 온 햄버거 패티는 덜 익었고, 케첩과 마요네즈가 엉겨 붙은 감자칩은 흐물거리고, 텔레비전에서는 유로파리그 결승전이 막 끝나서 파란 옷의 첼시가 환호성을 지르고 있는 지금, 나는 왜 짜증을 내고 있을까? 이미 바꿀 수 없는 일 아닌가.

내가 숙소에 더 머물면서 소파에 누워서 쉴 수 없다고, 잰걸음으로 와서 땀이 찼다고, 몇 시간의 공백을 어찌할 수 없다고 해서 버스 시간을 맞춰 줄 것도 아니고, 그렇다고 티켓을 환불하고 다른 버스를 탈 수도 없는 상황인데 왜 나는 짜증을 내고 있을까…. 외부 요인은 나를 시험대에 올렸고, 나의 멘탈은 여지없이 무너져 내렸다. 대합실 의자에 앉아 난 그렇게 생각에 생각을 하면서 마음을 진정시키고 있었다.

생각의 시간은 흘렀고, 드디어 난 버스에 올랐다. 하지만 볼리비아 전역에 몰아치고 있는 파업의 여파로 수크레를 벗어나는 길이 막혀버렸다. 수크레 경계까지 가서 10여 분을 걸어 도로를 점거한 사람들을 지나 맞은편에 와 있는 버스로 갈아탔다. 버스를 옮겨 타고 두어 시간 정도 가다가 수크레와 포토시 사이에서 다시 길이 막히고 말았다. 어딘지 모를 길 위에서 새벽 3시 30분까지 떨면서 무작정 기다릴 수밖에 없었다.

새벽 공기를 헤치며 간신히 다시 출발한 버스는 포토시를 거쳐 아침 9시경에 오루로에 진입하다가 다시 파업 시위대에 의해 진입로 앞에서 막히고 말았다. 결국 모든 차는 도로가 아닌 비포장 길을 달려 도심 외곽으로 우회해야만 했다. 그런데 거기서 일이 터지고 말았다. 우회하는 길목에 기찻길이 있었다. 작은 언덕처럼 된 길이었는데 바닥이 낮고 차체가 긴 버스가 그만 그 철길에 바닥이 걸리고 말았다. 전진도 후진도 되지 않는 상태에서 완전히 길을 막아버린 상황이 되고 만 것이다. 이쪽과 저쪽에서 차량 수십 대가 늘어서서 어서 버스가 넘어가기를 바라고만 있었다. 하지만 큰 버스는 쉽게 그 길을 벗어날 수 없었다. 결국 사람들은 너 나 할 거 없이 주변에 있는 돌들을 주워 나르기 시작했다. 헛바퀴 도는 뒤쪽에 계속 돌을 채워 넣고 다시 시동을 걸었지만 실패였다.

초반에는 이 상황을 흥미롭게 생각하던 여행자들도 30분 넘게 지속되자 점점 심각한 표정으로 다들 돌을 나르는 데 힘을 더했다. 그렇게 부아앙 가속을 하며 9번을 실패하고 나서 10번째에는 맞은편에 있는 큰 트럭에 체인을 묶어 끌어내면서 결국 버스는 탈출에

성공했다. 지난밤 7시에 출발한 버스는 오후 4시가 되어서야 볼리비아의 수도 라파스에 도착할 수 있었다. 보통 12시간 정도의 거리인데 난 21시간이 걸려서 이곳에 올 수 있었다. 참 멀고도 먼 길이었다.

그게 바로 여행이다. 한 치 앞도 내다볼 수 없고, 어떤 일이 생길지 모르는 것이다. 그 상황에서 어떻게 받아들일 것인가는 오롯이 여행자의 몫이다. 짜증을 내며 불편한 마음을 가질 수도 있고, 한번 쓴웃음 짓고 너그럽게 넘길 수도 있다. 어떤 선택을 할지는 여행자 스스로 판단해야만 한다. 난 오늘 전자를 선택했고 그만큼의 불편함을 마음속에 담아두느라 많이 지쳐버렸다. 그리고 다시 한번 깨닫게 되었다. 이 순간 역시 지나갈 것이고 언젠가는 이 기억조차 인상적인 또 하나의 추억이 되리라는 것을 말이다.

밀고 끌고 견디면서 이 순간을 잘 넘겨야만 한다

자전거를 좋아하는 나에게 라파스 데스로드 자전거투어는 그냥
지나칠 수 없는 액티비티였다. 이미 해 본 여행자들도 추천을 해줬
고 이름만큼 위험하지는 않다고 했다. 4,400미터 고지까지는 미니
버스를 타고 가서 거기서부터 1,100미터까지 자전거를 타고 내려가
는 코스로 진행이 된다. 장비를 착용하고 주의사항을 들은 후 드디
어 자전거에 올랐다. 초반에 펼쳐진 아스팔트 도로는 경사도 괜찮
고 차도 많지 않았다. 가는 동안 보이는 안데스산맥은 정말 아름다
웠다. 중간 포인트에서 사진도 찍고 쉬면서 편하게 길을 타고 내려
갔다. 한참을 내려가다 보니 점점 날이 흐려지면서 구름 속으로 들
어가는 기분이었다. 비도 살짝 흩뿌리기 시작하고, 시야도 점점 흐
려지기 시작했다. 오랜 세월 자전거를 타 왔기 때문에 이럴 때는 천
천히 가는 게 최선이라는 본능이 밀려왔다. 10여 명의 자전거 행렬
중에서 가장 뒤쪽으로 빠져 속도를 줄이면서 따라갔다.

잠시 후 아스팔트 도로가 끝나고 오프로드로 들어섰다. 이제부
터가 진짜 데스로드의 시작이었다. 울퉁불퉁 고르지 않은 흙길을
타고 가는 것은 만만치가 않았다. 더욱 주의하면서 천천히 내려갔
다. 이 지역은 항상 구름이 끼어 있어서 비가 자주 온다고 했다. 수
백 미터 낭떠러지 옆길로 난 죽음의 도로인 데스로드. 조심은 하고
있었지만 점점 굵어지는 비에 굉장히 긴장되었다.

이제 코스가 막바지로 접어든 시점이었다. ㄴ자로 심하게 꺾인 모퉁이가 나왔고, 내리막 경사까지 있어서 브레이크를 잡으면서 핸들을 천천히 틀고 있었다. 그런데 자전거가 살짝 파인 웅덩이를 밟고 지나갈 때 앞바퀴를 타고 흙탕물이 얼굴로 튀어 올랐다. 뿌옇게 시야가 가려지는 그 순간 하필이면 작은 돌멩이 하나가 같이 튀어 오르며 내 왼쪽 안경알을 때리고 말았다. 너무 놀라고 당황하는 순간 핸들을 틀지 못하고 균형을 잃은 채 그대로 직진을 하고 말았다. 단 1초 만에 벌어진 일이었다. 모퉁이에서 직진한 나는 자전거를 탄 채로 낭떠러지로 추락했다. 다친 왼쪽 눈으로는 아무것도 보이지 않았고, 오른쪽 눈으로 하얀 구름밖에 보이지 않았다. 시간이 느리게 흘러가는 것 같았다. 보통 죽음의 순간에 필름처럼 지난 일들이 스쳐 간다고 하던데 난 그저 멍하니 '정말 이렇게 허망하게 죽는 건가.' 이런 생각밖에 들지 않았다. 짧고도 멍한 몇 초가 흘렀을까. 허공을 가르던 자전거와 나는 30미터 정도를 날아 그대로 절벽에 꽝 하고 부딪쳤다.

아… 무슨 영화도 아니고… 하늘이 보살핀 것인지 난 데스로드 바닥으로 떨어지지 않았다. 불행 중 다행으로 S자의 코너가 심하게 튀어나온 구간이어서 수백 미터 아래로 떨어지지 않고 건너편 절벽에 부딪쳤다. 엄청난 속도로 절벽 사면에 충돌한 후 다시 아래로 미끄러지다가 나무에 걸려 거꾸로 매달려 있었다.

지금 내가 죽은 건가? 아니면 살아있는 건가? 손가락을 조금씩 까딱까딱 움직여 보았다. 정신이 혼미하고 얼굴에 감각이 없었다.

욱신거리는 것 같기도 하고, 피가 흐르는 것 같기도 했다. 데스로드 투어 일행 중 한 명이었던 여자의 "아미고~" 하는 소리가 멀게나마 느껴졌다. 애타는 그 목소리는 내가 살아있다는 것을 느끼게 해준 생존의 알람이었다.

'아… 살았구나….'

얼마의 시간이 지났을까? 가이드가 줄을 묶고 내려와서 나를 구조했다. 사람들이 웅성웅성 나를 둘러싸고 있었다. 얼굴엔 피와 풀 그리고 흙탕물이 얼룩져 있어서 일단 생수로 씻어냈다. 한쪽 귀에 걸린 안경의 왼쪽 안경알은 박살 나서 어디론가 사라져버렸다. 차에 올라 멍하니 앉아 있다가 거울을 달라고 해서 얼굴을 비춰보았다. 눈 아래로 붉은 피가 흘렀고, 코 옆은 찢긴 채로 속살이 내보였다. 입 주변이 얼얼해서 침을 뱉어보니 새빨간 피가 배어 나왔다. 이는 괜찮았지만 안쪽이 다 터진 듯했다.

왜 하필 나에게 이런 일이 생긴 것일까? 오늘 촉이 안 좋아서 정말 조심했고, 혹시나 해서 속도도 줄이면서 내려왔는데 왜 하필 모퉁이에서 흙탕물과 돌이 튀었을까? 그리고 왜 안경알을 때리고 말았을까? 그 누구도 사고는 예측할 수 없는 일이었다.

조금씩 정신이 드니 오른쪽 팔이 저려 왔다. 저리기보다는 살을 파고드는 듯한 고통이 밀려왔다. 아악! 사고의 충격으로 정신이 나가 미처 느끼지 못했던 통증이 이제야 폭풍처럼 밀려왔다. 오른팔을 움직일 수도, 들 수도 없을 정도로 고통스러웠다. 안경은 없어서 보이는 것도 없고, 버스에 앉아 느끼는 심리적, 육체적 고통은 점점 더 심해졌다.

라파스에 있는 병원 응급실에 도착했다. 대기하면서 제발 뼈에만 이상이 없었으면 하고 간절하게 빌었다. 엑스레이를 찍어 확인해보니 팔꿈치 뼈 끝부분이 깨져서 떨어져 나갔다. 아… 탄식이 흘러나왔다. 아픈 팔을 부여잡고 치료를 대충 마쳤다. 주말이어서 뼈 전문의가 병원에 없었다. 이틀 후에 다시 와서 진단을 받아야 한다는 말을 듣고 깁스를 한 채 숙소로 돌아왔다. 침대에 누우려고 하니 팔의 통증 때문에 느끼지 못했던 몸 구석구석이 아파 왔다. 특히 목과 어깨에 타박상이 좀 있는 듯했다. 데스로드에서 죽지 않고 살아 돌아왔지만 여전히 억울했고 미친 듯이 화가 났다.

사고 다음 날, 라파스에 있는 한국 대사관 직원이 숙소로 찾아왔다. 사건 경위를 묻기보다는 위로의 말을 먼저 전해주는 따뜻한 분이었다. 밥과 김치도 갖다 주서서 어렵사리 챙겨 먹고 힘을 낼 수 있었다. 이런저런 이야기를 듣다 보니 1년에 꽤 많은 사람들이 데스로드에서 죽거나 다친다고 했다. 정말 이름값을 제대로 하는 곳이었다.

사고 이틀째 월요일이 되었다. 다시 병원을 찾았고 외과 전문의 브라보를 만날 수 있었다. 이름도 친숙했지만 좋은 인상에 친절한 분이었다. 엑스레이를 한참 보더니 미소를 지었다. 생각보단 치료 기간이 길지 않을 거라는 좋은 소식을 전해주었다. 그런데 자꾸만 웃고 있는 것 같았다. 왜 자꾸 웃느냐고 물었더니 돌아온 그의 대답이 가슴 깊이 박혔다.

4,400미터 고지에서 데스로드 자전거 투어를 떠나기 직전

우뚝 솟은 산 아래 구불구불 이어진 길을 따라 내려간다

아… 데스로드

숙소에서 깨진 안경을 꺼내 보니 다시금 그날의 기억이 생생하게 살아났다

"너 살았잖아! 데스로드에서 떨어졌다가 살아 돌아온 사람은 네가 처음이야. 그런 너를 보는데 웃음이 안 나겠어? 아미고! 축하해. 새로운 인생을 살게 된 것을….."

숙소로 돌아와 침대에 걸터앉아 사고 당일의 상황을 돌이켜봤다. 생각해보면 몇 미터만 벗어났더라면 정말 다른 세상 사람이 됐을 것이다. 함께 투어를 했다가 졸지에 내 간호를 맡은 성우가 뭐 좀 먹으라며 빵을 가져왔다. 볼리비아 빵은 사실 밍밍해서 맛이 별로였다. 일단 한 입 베어 물었다. 정말 맛이 없었다. 그런데 갑자기 왈칵 눈물이 솟구쳤다. 내가 살아 있으니까 이렇게 맛이 없다는 것을 느낄 수 있는 것이었다. 옆에 있는 잼을 찍어 먹었다. 달았다. 정말 맛있게 달았다. 자꾸만 흐르는 눈물을 멈출 수가 없었다. 이렇게 살아 돌아왔다는 그 사실에 처음으로 감사한 마음이 들었다. 숨 쉬는 게, 밥 먹는 게, 그저 살아 있는 것이 이렇게 소중하고 감사하게 느껴질 줄은 몰랐다. 당연하다고 생각했던 것들이 새삼 새롭고 값지게 느껴졌다. 가족도 그립고, 친구들도 생각나고, 사랑했던 모든 것들이 떠올랐다. 감사하고 또 감사한 인생이었다.

사고 이후, 나는 새로운 인생을 선물 받았다. 덤으로 한 번 더 사는 기분이었다. 그저 일상을 이어갈 수 있다는 것이 행복했다. 어떻게든 여행을 계속할 수 있다는 사실만으로도 자꾸만 웃음이 나왔다. 이렇게 세상에 존재할 수 있는 것만으로도 그저 감사했다. 새롭게 잘 살아갈 수 있을 것 같은 뜨거운 기운이 밀려왔다.

'한국에 돌아가면 정말 열심히 살아야지! 어떻게 다시 이어가는

인생인데….'

　데스로드는 내게 많은 변화를 가져다준 것이 확실했다. 다시 새
로운 삶의 길을 향해 더욱 힘차게 나가야겠다는 다짐을 하는 계기
가 된 특별한 사건인 셈이었다.

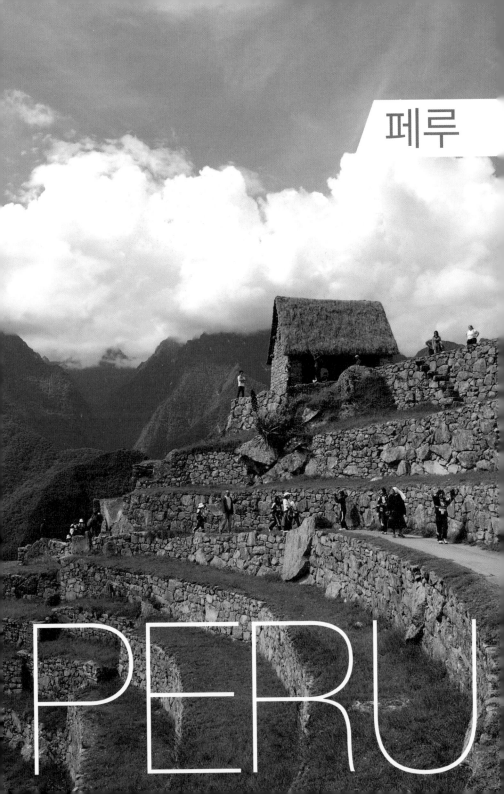

페루

PERU

남겨두기

욕심을 내는 여행자는 많지만 그 욕심을 다 채우는 여행자는 없다. 한 번의 여행으로 모든 여행지를 갈 수 없는 것이 현실이다. 이번이 아니면 다시는 없을 거라는 절박감이 밀려오더라도 애써 침착하고 마음을 비워야 한다.

남겨둔다는 것은 여행지에 대한 아쉬움을 두고 오는 것이다. 그 아쉬운 마음이 다음 여행의 시작점이 될 수 있기에 미련이 있더라도 남겨두는 것이 좋다. 여행은 욕심을 채우기 위해 하는 것이 아니라 가져갈 것과 남겨둘 것을 선택하면서 욕심을 비우는 과정이니까.

잉카문명의 꽃, 마추픽추

여행지 중에 헤어 나오기 힘들 정도의 매력으로 잡아끄는 곳이 있다. 많은 여행자들이 손꼽는 곳 중 한 곳이 바로 쿠스코다. 잉카문명의 후예들이 살고 있는 고산 도시 쿠스코는 재밌는 볼거리, 아름다운 풍경, 맛있는 음식, 저렴한 물가, 친절한 사람들, 쾌적한 기후까지 다양한 매력을 잔뜩 안고 있는 곳이다. 또한 근교에는 잉카문명의 흔적이 고스란히 담긴 유적지도 많다.

사실 여행자들이 쿠스코를 찾는 가장 큰 이유는 네 글자로 설명할 수 있다. 바로 '마추픽추'다. 짧고 강하게 역사의 한 페이지를 장식한 잉카 문명의 꽃인 그곳에 가기 위해 해마다 수많은 사람들이 모이고 또 모이는 곳이 바로 쿠스코다.

잉카의 도시, 태양의 도시, 잃어버린 도시, 공중도시, 신비의 도시, 영원의 도시….

잉카제국의 흥망성쇠를 간직한 마추픽추를 표현하는 말은 참 많다. 역사의 흔적과 시간의 흐름이 고스란히 담긴 마추픽추는 유네스코 문화유산이면서 세계 7대 불가사의 중 한 곳이기도 하다.

마추픽추에 다가서는 방법은 크게 세 가지가 있다. 첫 번째는 역사 속 잉카인들의 흔적을 따라가는 잉카트레일이 있다. 시간과 체력이 준비된 사람들이 액티비티처럼 여유롭게 즐길 수 있는 방법이다. 두 번째는 외국인에게만 아주 비싼 페루레일 기차를 타고 쉽게

1박 2일로 다녀오는 방법이다. 마지막으로 시간은 있고, 돈이 없는 여행자들이 선택하는 미니버스를 타고 가서 기찻길을 따라 걸어가는 방법이다.

데스로드 사고 여파 때문에 여전히 깁스를 하고 있어서 잉카트레일은 포기다. 배낭여행자 입장에서 페루레일은 너무 비싸서 역시 포기다. 처음부터 정답은 정해져 있었다. 아침 일찍 출발하는 미니버스에 올라 온종일 가고 또 갔다. 산타테레사를 거쳐 오후 4시경에 이드로일렉트리카에 도착했다. 여기서부터는 기찻길을 따라서 2시간 반 정도를 걸어야 한다. 한쪽 팔에 묵직한 석고 깁스를 한 채로 걷고 또 걸었다.

저 높은 곳에 마추픽추가 있는 산봉우리가 언뜻 보이는 듯도 했다. 그 산을 둘러싸고 강이 흐르고 그 옆으로 기찻길이 있다. 지금 나는 그 길을 걷고 또 걸으며 조금씩 마추픽추에 다가서고 있었다. 5시가 넘어서자 깊은 계곡에 어둠이 밀려들기 시작했다. 어둠 속에 펼쳐진 기찻길 옆으로 돌을 밟는 소리와 강물 소리가 어우러졌다. 버스에서 내려 함께 걷기 시작한 사람들은 어느덧 보이지 않았다. 오랜만에 걸어서 그런지 금세 지쳐버린 발걸음이 무겁기만 했다. 그때였다. 저게 뭐지? 어둠 속에 뭔가 반짝이는 것이 보였다. 가까이 갈수록 많이 반짝이는 작은 빛이 날아다니고 있었다. 우와! 여기서 반딧불이를 만날 거라고는 생각지도 못했는데 기분이 좋아지면서 힘이 나기 시작했다. 힘겹게 발길을 이어가 30분 정도 더 가니 저 멀리 밝은 불빛이 보였다.

쿠스코 뒷골목에서 만난 알파카

언제가 한번은 마추픽추에서 인증샷을 찍는 로망을 품어보는 것은 어떨까

'아구아스 깔리엔떼스'

마추픽추를 가기 위해 반드시 들르게 되는 마을에 도착한 것이었다. 어두운 기찻길을 걷느라 긴장도 하고 힘에 겹기도 했는지 밝은 빛으로 가득한 광장에서 털썩 주저앉고 말았다. 그래도 걸어온 뿌듯함이 있어서 참 좋았다. 날이 밝으면 진짜 마추픽추에 올라간다고 생각하니 기분이 묘했다. 드디어 마추픽추다.

다음 날 아침 마추픽추에 가서 전망이 가장 좋은 망지기의 집에 올랐다. 영상과 사진으로만 보았던 풍경이 눈앞에 펼쳐져 있었다. 매번 느끼는 거지만 직접 두 눈으로 보았을 때의 감동은 아주 진하게 느껴졌다. 시원한 바람이 불고 있는 곳에 앉아 한없이 마추픽추의 돌무더기를 바라보았다. 큰 돌, 작은 돌이 견고하게 어우러져 웅장한 그림을 만들어내고 있었다. 잉카왕국을 세운 지 100여 년 만에 스페인에 무너진 잉카제국의 흔적은 이제 저 돌에 남아 있다. 뭔가 공허한 마음이 들었다. 전 세계의 수많은 여행자들이 가고 싶어하는 마추픽추에는 페루의 어린 학생들도 그들의 찬란했던 역사를 잊지 않기 위해 왔을 것이다. 말은 삼키고 두 눈은 지그시 감은 채로 소리 없는 시간을 구름과 함께 흘려보내기 좋은 날이었다.

칠레의 '토레스 델 파이네'
아르헨티나의 '피츠로이'
페루의 '와스카란'

남미에서 가려고 생각했던 트레킹 코스다. 페루의 와라스에 오면 와스카란 국립공원을 만날 수 있다. 이곳에서 가장 유명한 것은 3박 4일 일정의 산타크루즈 트레킹이다. 정말 하고 싶었지만 깁스를 한 채 며칠 동안 산을 간다는 건 무리였다. 게다가 데스로드 사고 이후 활동량이 적어서 체력은 이미 떨어질 대로 떨어진 상태였다. 그런데도 이곳까지 온 이유는 바로 69호수가 있기 때문이다. 와스카란 국립공원에는 호수가 참 많다. 그래서 호수마다 번호를 붙여 놓았는데 그중에서도 69번을 부여받은 69호수가 가장 아름답기로 소문이 나 있었다. 당일 코스로 다녀올 수 있기에 한번 도전해볼 만하다는 생각이 들었다.

    조금 늦게 도착한 버스에 올라 와라스 시내를 벗어나 비포장길을 3시간 정도 달리니 옥빛의 양가누코호수에 도착할 수 있었다. 도대체 이런 색깔은 어디서 나오는 것인지 신비로운 빛이었다. 조금 더 올라가니 드디어 오늘의 트레킹 시작점에 다다를 수 있었다. 걷기 시작한 지 얼마 지나지 않아 탁 트인 들판과 저 멀리 설산

안데스산맥 자락의 이름다운 대자연에서 마음껏 거닐 수 있다

이 나타났다. 웅장한 대자연이 펼쳐져 그저 감탄만 이어졌다. 이미 4,100미터를 넘어서서 산소는 턱없이 부족했지만 다행히 고산병 증세는 찾아오지 않았다.

하지만 평지가 끝나고 오르막길이 이어지자 조금씩 발걸음이 무거워졌다. 숨이 턱까지 차오르고 가벼운 배낭이 점점 더 몸을 끌어내리고 있었다. 그나마 아름다운 풍경을 보면서 간신히 힘을 낼 수 있었다. 보일 듯이 보이지 않고, 닿을 듯이 닿지 않는 69호수는 생각처럼 다가오지 않았다.

트레킹을 시작한 지 3시간이 좀 넘어서자 드디어 푸른빛의 69호수가 눈앞에 나타났다. 설산 아래 펼쳐진 호수는 찬란한 빛으로 노

설산과 에메랄드빛 호수를 볼 수 있는 와스카란 국립공원의 69호수

곤한 피로를 씻겨줬다. 깁스를 한 채로 무겁게 올라왔는데 여기까지 온 보람이 있었다. 새삼 살아있음에 감사함이 밀려들었다. 다시 인생을 사는 기분이어서 그런지 더욱 특별한 순간이었다. 이제 돌아갈 시간이다. 기분 좋은 한숨이 마구 흘러나왔다. 산이 무엇인가? 올라왔으면 내려가야 하는 것이 산의 법칙이다. 자꾸만 헛웃음이 났지만 한 걸음 한 걸음 내 앞에 펼쳐진 길에 발걸음을 내디뎠다.

에콰도르

ECUADOR

세상의 중심 에콰도르

스페인어로 에콰도르는 '적도'라는 뜻이다.
그 중심에서 달걀을 세우며 지구의 에너지를 느껴볼 수 있다.

바다, 태평양 연안으로 가서 혹등고래를 보거나
산, 안데스산맥으로 가서 설산에 오르거나
섬, 갈라파고스에 가서 온갖 동물들을 만날 수 있다.

에콰도르는 세상의 중심이자 여행의 중심이다.

푸에르토 로페즈엔 혹등고래가 살고 있다

태평양을 마주하고 있는 작은 바닷가 마을. 푸에르토 로페즈까지 오게 된 이유는 가난한 여행자들의 갈라파고스라는 이슬라 플라타에 가기 위해서다. 스페인어로 이슬라가 섬이라는 뜻이니 플라타섬에 사는 온갖 새를 보기 위해서 온 셈이다. 막상 이곳에 와 보니 우리나라 서해 같은 풍경이 펼쳐져 있었고, 평화로운 마을에 밝은 사람들이 사는 곳이었다. 해변을 거닐고, 해산물 요리를 먹으면서 편하게 쉬니까 이게 여행이구나 싶었다. 늘 한가로운 곳이지만 이른 아침에 열리는 어시장에서는 활기찬 일상을 느낄 수 있었다. 이

플라타섬에서는 발이 파란 얼가니새를 만날 수 있다

곳에서 보내는 시간은 행복의 연속이었다.

푸에르토 로페즈에서 배로 1시간 반 거리에 희귀 새들의 천국 플라타섬이 있다. 그런데 이곳에 와서 알게 된 놀라운 사실이 하나 있다. 해마다 6월에서 10월 사이에 혹등고래들이 찾아온다는 것이었다. 지금이 6월이었고 어쩌면 고래를 만날 수 있는 기회가 생길지도 모를 일이었다. 해변에 있는 여러 여행사를 돌다가 고래도 새도 다 볼 수 있는 투어를 신청했다.

여행자들을 태운 배는 망망대해로 방향을 잡았다. 드디어 고래

거대한 혹등고래와 마주하는 것은 온몸이 짜릿할 정도로 특별한 순간이다

를 만나러 가는 시간이 다가오고 있었다. 넘실대는 파도를 넘으며 가다 보니 한 청년이 어딘가를 가리켰다. 배 안은 술렁거렸고, 다들 혹등고래를 찾기 시작했다.

저기다! 분명히 혹등고래였다. 수면 위로 떠올랐다가 다시 아래로 내려가면서 꼬리지느러미가 스윽 사라지는 게 보였다. 잠시 시야에서 벗어난다 싶더니 다시금 물 위로 모습을 드러냈다. 그때마다 배 안은 탄성으로 가득했다. 그때였다. 수면 위로 검은 등지느러미가 쓰윽 올라왔다. 한 마리가 아니었다. 세 마리의 고래가 무리 지어서 멋지게 물을 가르고 있었다.

새삼 드넓은 바다가 위대해 보였고, 그 안에서 유유히 삶을 이어가는 고래가 대단해 보였다. 이 바닷속에는 수많은 생명체가 살고 있는데 유독 고래에 더 열광하는 이유는 무엇일까? 아마도 대자연이라는 질서 속에 함께 숨을 쉬고 있는 거대한 생명체에 대한 일종의 경외심이 아닐까 싶었다. 희열과 전율이 오가는 이 순간은 쉽게 느낄 수 없는 경험이기에 더욱 빛이 나고 있었다.

지금 여행 중인 '에콰도르'는 스페인어로 적도라는 뜻이다. 그래서 꼭 가봐야 할 곳이 바로 적도가 지나는 곳에 있는 적도박물관이다. 키토 시내에서 22km 떨어진 곳에 있는 'Museo la Mitad del Mundo'라는 곳인데 '세상의 중심에 있는 박물관'이라는 뜻이다. 적도보다 세상의 중심이라는 말에 더 끌리는 것은 그 의미가 주는 특별함 때문일 것이다.

적도박물관에 도착해보니 지구를 떠받들고 있는 탑이 보였다. 저기가 중심이구나! 하지만 사실 이곳은 아주 정확한 적도는 아니다. 몇백 년 전에 프랑스인들이 측정했는데 약간의 오차가 있다고 했다.

적도박물관 근처에 있는 태양박물관Inti-Nan Museo으로 갔다. 이곳이 인디오들이 측정한 적도가 지나는 곳이다. 아주 오래전에 인디오들도 세상의 중심을 알아냈던 것이다. 놀라운 것은 GPS로 측정한 적도가 바로 여기 인디오가 측정한 적도와 일치한다는 것이었다. 대단하기도 하고 신기하기도 했다. 진짜 세상의 중심에 서서 달걀도 세워보니 어린아이가 된 것처럼 마냥 신나고 즐거웠다. 세상의 중심에서 달걀을 세워봤다고 자랑할 거리가 생긴 것 같아 어깨가 으쓱했다.

콜롬비아

COLOMBIA

콜롬비아에 대한 소문들

콜롬비아에는 친절한 사람들이 많다고 했다.

직접 경험해보니 그건 사실이었다.

여행자들이 많지 않아서 그런지 낯선 이를 반기고 친절함을 베푸는

정도가 달랐다.

콜롬비아에는 강도가 많다고 했다.

직접 경험해보진 못했지만 그것 역시 사실이었다.

좋은 사람들도 나쁜 사람들도 다 존재하기 마련이다.

내가 만나지 못했다고 친절한 사람들이 없는 것도 아니고

내가 당하지 않았다고 못된 사람들이 없는 것도 아니다.

이거 하나는 확실하다. 콜롬비아는 커피 인심이 정말 후하다.

커피 한 잔의 여유가 가장 잘 어울리는 곳이 아닐까 싶다.

세계일주를 하면서 나라마다 하고 싶은 일을 하나씩 버킷리스트
로 정했다. 그 리스트는 각 나라를 여행할 때마다 더 열심히 다니는
동기부여가 되기도 했고, 미션을 달성하는 즐거움을 주기도 했다.
남미의 마지막 여행지인 콜롬비아의 버킷리스트는 바위산 엘뻬뇰
에 오르는 것이었다. 메데진에서 1시간 반 정도 떨어진 구아타페에
가다 보면 눈에 띄는 바위산이 있는데 그곳이 미션 장소였다.

'세상에서 가장 아름다운 뷰를 볼 수 있는 바위산'이라는 이정표
를 지나 걸어가니 입장권을 사는 곳이 나왔다. 돈을 내고 700개 정
도의 계단을 밟으며 한 발 한 발 정상까지 가야 했다. 눈부신 햇살의
열기 덕분인지 땀이 마구 흘러내렸다. 숨이 턱까지 차오를 무렵 드
디어 정상에 올라섰다. 시원한 풍경이 눈앞에 펼쳐졌다. 간만에 필
름카메라를 꺼내서 셔터를 누르니 "차칵 찌잉" 하는 반가운 소리가
들렸다. 상쾌한 바람을 맞으며 정상에서 보내는 시간은 행복했다.

많은 사람들이 이곳에서 추억을 담아가겠지. 그 추억 속의 사진
귀퉁이에 내가 담겼을지도 모를 일이다. 콜롬비아 사람들과 웃으며
눈인사를 나누고 몇 마디 할 줄 모르는 스페인어로 유쾌한 대화를
이어갔다. 그들은 카메라를 들어 낯선 여행자를 자신의 추억 속에
담으려고 했다. 이런 반응과 관심이 참 오랜만이었다. 지을 수 있는
가장 밝은 표정으로 렌즈를 바라보았다. 콜롬비아에 오니 뭔가 좀

되는 분위기다. 따뜻한 시선, 가벼운 인사, 여행자에겐 이런 것이
여행을 즐겁게 이어갈 수 있게 하는 힘이 된다. 콜롬비아에서는 진
한 커피향도 맡을 수 있지만 사람들의 따뜻한 인간미도 자주 느낄
수 있어서 한 번씩 외치게 된다.

"비바 콜롬비아!"

세상에서 가장 아름다운 뷰를 가진 바위산 엘뻬놀

페르난도 보테로는 뚱뚱한 모나리자로 통하는 〈12세의 모나리
자〉를 그린 화가로 유명하다. 오늘 내게 주어진 메데진에서의 시간
은 많지가 않았다. 하지만 보테로의 삶과 작품이 남아 있는 메데진
을 그냥 떠날 수는 없었다. 아침 일찍 지하철을 타고 보테로광장으
로 갔다. 그곳엔 그가 만든 조각품들이 전시되어 있었고 아이들은
동상 앞에서 즐거운 시간을 만들고 있었다.

　　미술관이 10시부터 입장이 가능하다기에 광장을 거닐면서 한가
로이 시간을 보내고 있었다. 그런데 갑자기 경찰들이 다가왔다. 아
까부터 나를 쳐다보는 것 같던 남자 경찰 한 명에 여자 경찰 두
명이었다. 가끔 경찰이 신분증을 요구하면서 돈을 뜯어 간다는 이
야기를 들은 적이 있어서 바짝 긴장이 되었다. 왜 내게 왔냐는 순진
한 표정으로 세 명의 경찰에게 착한 눈빛을 막 날렸다. 잠시 후 남
자 경찰이 뭐라고 말을 하는데 카메라를 꺼내서 보여주는 것이었
다. 알고 보니 두 명의 여경들이 나와 함께 사진을 찍고 싶다는 것
이었다. 남자 경찰이 카메라를 들고 두 명의 여경이 내 양옆으로 섰
다. 이건 남미 여행 막바지에 내게 주는 특별한 선물이었다. 사람들
의 친절함에 그저 행복한 여행자의 웃음이 거침없이 터져 나왔다.

　　한바탕 보테로광장의 유쾌하고 소란스러운 시간이 지나고 미술
관에 들어갔다. 보테로의 독특하고 매력적인 작품이 가득했다. 짧

은 일정이 아쉬울 정도로 메데진에서의 시간은 환상적이었다. 잊지 못할 추억을 잔뜩 안고 보고타로 향하는 비행기에 올랐다.

보고타에서도 보테로의 작품을 볼 수 있는데 유명한 〈12세의 모나리자〉는 보고타미술관에 전시되고 있었다. 좁은 골목 사이를 거닐며 미술관과 박물관에서 시간을 보냈다. 볼리바르광장에서 커피를 마시며 한가로운 시간을 보내다 보면 이게 여행이고, 이게 행복인가 싶었다. 언젠가 콜롬비아에 다시 오게 되면 스페인어를 배우며 몇 달이고 살고 싶은 생각이 들었다.

'차오 콜롬비아'

보고타에서 만날 수 있는 〈12세의 모나리자〉

쿠바

CUBA

올라 쿠바! 부에노 아바나!

수십 년 전 어느 시점에서 시간이 멈춰버린 듯한 곳
아날로그 감성이 잔뜩 묻어나기에 흑백 필름으로 담고 싶은 곳
자동차박물관에 있을 법한 올드카가 거리를 누비는 곳

골목에서 캐치볼을 하며 야구 연습을 하는 아이들
저녁 무렵 흘러나오는 음악에 몸을 맡기는 동네 주민들
말레꼰 해변에서 카리브해의 붉은 석양에 눈이 멀 것만 같은 그곳
열정과 낭만이 그립다면 지금 당장 쿠바로 떠나야 한다.

남미 여행을 마치고 북반구로 넘어오는 비행기를 탔다. 푸르른 카리브해가 눈에 들어왔고, 어느덧 쿠바 상공을 날고 있었다. 식민지의 아픔과 인종의 교체와 공산주의 혁명까지. 역사의 소용돌이를 제대로 겪으며 미국의 제재 아래 꿋꿋이 존재 가치를 보여주었던 저력의 나라, 이제 쿠바다.

공항에 도착해 입국 수속을 마치고 수하물로 부친 배낭을 기다리고 있었다. 10분이 지나고 20분이 지나도 나오지 않았다. 슬슬 짜증이 나다가 30분을 넘어서니 초조해졌다. 콜롬비아에 버려진 걸까? 경유지에서 빠진 건 아닐까? 별별 생각이 다 났다. 40분이 지나도 안 나오니 점점 지쳐갔다. 이 녀석 어디로 샌 거야? 그렇게 1시간 가까이 지날 무렵 애타게 기다리던 큼직한 배낭이 컨베이어벨트를 타고 툭 튀어나오는 것을 발견할 수 있었다. 오랜만에 반가운 친구를 만나는 것처럼 기쁨이 밀려들었다. 나와 배낭 두 개는 무사히 쿠바 아바나에 첫발을 내디뎠다.

쿠바의 수도 아바나, 그곳에서도 구시가지인 올드아바나는 시간이 멈춰버린 듯한 착각을 하게 한다. 스페인 식민지 시절의 건물들이 고스란히 남아서 독특한 분위기를 주었고, 거리에는 1950년대 전후의 미국산 차들이 거친 엔진소리를 내며 달리고 있었다. 이채로우면서도 정겨운 풍경이 매일매일 펼쳐지는 아바나의 매력은 이

327
......

곳에 와야 제대로 느낄 수 있다. 세계문화유산으로 지정된 올드아바나에서 보내는 시간은 과거와 현재를 함께 살고 있는 기분이었다. 필름카메라 하나 달랑 들고 그들의 일상 속을 거니는 것은 꽤나 행복한 일이었다.

오늘의 목표는 온종일 아무것도 안 하는 거다. 남미에서는 여행하고 블로그에 글 쓰고 다치고 재활하고의 반복이었다. 그냥 아무 생각 없이 쉬는 날이 없었다. 그래서 오늘은 휴식을 선물하는 의미에서 나무늘보처럼 침대에 걸쳐 잠자고 늘어지고 할 생각이었다. 오전은 나름 성공적으로 미션을 수행하나 싶었는데 허리가 너무 아

아바나 골목에서는 정겨운 풍경을 만나게 된다

말레꼰 해변의 석양은 여행자의 마음을 따사로이 보듬어준다

팠다. 그냥 누워서 가만히 쉬는 것도 쉬운 일은 아니었다.

그런데 거실이 소란스러웠다. 나가 보니 옆방에 머물던 여행자 한 분과 쿠바 학생들 4명이 둘러앉아 있었다. 인사를 나누고 대화에 스며들어 보니 특별한 사연을 가진 학생들이었다. 20대 초반인 그들은 아바나에서 한국어를 틈틈이 배우고 있는 쿠바 학생들이었다. 반가워서 이런저런 이야기를 나누다 보니 학생 중 한 명은 쿠바 한인 4세였다. 증조부께서 쿠바에 넘어와서 정착한 한국인이었고, 지금 내 눈앞에 그 후손이 있는 거였다. 한국말을 잘하지는 못했지만 그래도 열심히 하려고 하는 모습이 기특하기도 하고 그 노력이 더욱 감동적으로 다가왔다.

여행이 길어지고 일상이 되어 익숙해지다 보면 가끔 감사하다는 생각을 잊게 되는 것 같다. 누군가에게는 인생의 로망일 수도 있는 곳에 와 있으면서도, 이 공간에서 숨 쉬고 느끼는 것 자체가 굉장히 특별하고 소중한 걸 잘 알면서도 잊고 지내는 경우가 많다. 일상을 벗어나 여행을 할 수 있는 것만으로도 정말 감사한 삶이라는 것을… 말레꼰 밤바다에서 밀려드는 시원한 바람이 전해주고 있었다.

"어른이 되었을 때 가장 혁명적인 사람이 되도록 준비하여라. 네 나이에는 많이 배워야 한다는 것을 의미한단다. 정의를 지지할 수 있도록 준비하여라. 나는 네 나이에 그러지를 못했단다. 그 시대에는 인간의 적이 인간이었단다. 하지만 지금 네게는 다른 시대를 살 권리가 있다. 그러니 시대에 걸맞은 사람이 되어야 한다."

– 1966년 2월 체 게바라가 딸 일디타에게 보낸 편지 중에서

체 게바라, 쿠바를 떠올리면 빼놓을 수 없는 그 이름. 아르헨티나, 쿠바, 콩고, 볼리비아, 부유층 자제, 의사, 여행가, 혁명가, 정의, 민중, 항거….

체와 연관된 검색어는 정말 많다. 그는 가고 없지만 굽힐 줄 모르는 혁명가라는 저항의 아이콘이 되어 이야기와 사진 그리고 그의 정신은 지금까지도 뜨겁게 이어지고 있다. 볼리비아혁명에 가담했다가 그곳에서 전사한 그의 유해가 30년 만에 발굴되었고, 그의 유해는 이곳 쿠바로 넘어와 산타클라라에 있는 그의 동상 아래 안장되었다.

혁명광장에 가서 바라보니 저 멀리 펄럭이는 쿠바 깃발 뒤로 체 게바라의 동상이 보였다. 쿠바에서 꼭 한번은 와야만 할 것 같은 숙

제 같은 곳이었다. 군복을 입은 젊은이들이 광장에 모여 있었다. 줄을 맞춰 서 있는 모습이 추도식을 진행하려는 것 같았다. 체 게바라의 동상 앞에 서서 의식을 지켜보니 만감이 교차했다.

쿠바에서 빼놓으면 섭섭할 이름이 한 명 더 있다. 어니스트 헤밍웨이는 『노인과 바다』와 『무기여 잘 있거라』를 바로 이곳 쿠바에서 집필했다. 그래서 아바나 곳곳에는 그가 머물거나 즐겨 찾던 호텔과 바가 여행자를 기다리고 있다.

어렸을 적 집에 있던 파란색 표지의 『노인과 바다』를 생생히 기억하고 있다. 책장에 꽂혀 있던 덕분에 심심할 때마다 읽었다. 그런데 이곳 쿠바에 『노인과 바다』의 배경이 있었다. 헤밍웨이가 그 마을에 머물면서 실제 인물을 통해서 작품의 영감을 얻고 글을 써서 더욱 인상적인 곳이었다. 바로 코히마르Cojimar였다.

아바나에서 출발한 택시는 시원하게 뚫린 도로를 달려 20분이채 걸리지 않아 작은 바닷가 마을 코히마르에 도착했다. 나무 그늘아래 한가로이 쉬고 있는 사람들, 바다에 낚싯줄을 드리우고 고기를 기다리는 사람들의 모습이 그림처럼 펼쳐져 있었다.

평화롭고 한가로운 마을에는 시원한 바닷바람이 불고 있었다. 아주 오래전부터 마을을 지키고 있었을 법한 작은 성곽이 살포시 풍경의 끝에 걸려 있었고, 그 앞에는 하늘색 페인트로 단장한 조그만 헤밍웨이 공원이 있는데 밝은 표정의 헤밍웨이 흉상이 기다리고 있었다. 반갑게 헤밍웨이에게 인사를 건네고 기념사진도 남겼다.

헤밍웨이가 즐겨 갔다던 카페 La Terreza에 가서 모히또 한 잔

체의 동상 아래서 허세 가득 한껏 폼을 잡아봤다

을 했다. 카페를 둘러보니 헤밍웨이의 사진이 많았다. 특히나 인상적이었던 것은 『노인과 바다』의 실제 주인공인 할아버지 사진이었다. 이렇게 생긴 분이시구나. 어렸을 적 상상 속에만 있던 노인을 이렇게 사진으로나마 실물을 확인하니 기분이 묘했다. 책을 읽었던 옛 생각이 밀려와 잠시 창밖을 바라보았다. 꼬리를 물던 생각은 쿠바 여행이 끝나간다는 데에 초점이 맞춰졌다. 정보도 없고 준비도 없었던 쿠바 여행이었는데 2주라는 시간이 이렇게 순식간에 지나갈 줄은 몰랐다. 그리고 한 가지 결론이 내려졌다.

'쿠바, 언젠가 꼭 다시 돌아올게!'

카페 La Terreza에서 즐기는 모히또 한 잔의 여유

멕시코

MEXICO

마야 그리고 아즈텍

세계 7대 불가사의 중 하나인 치첸이트사를 만나기 위해 유카탄반도
로 가면 화려했던 마야 문명의 흔적이 고스란히 남아 있다. 칸쿤의 아
담한 공원에서 타코를 배불리 먹고 코발트빛을 따라 발걸음을 옮기면
눈부신 카리브해가 반겨준다.
멕시코시티 근처에는 아즈텍 문명의 테오티우아칸이 남아 있다. 아
메리카 대륙에서 가장 거대한 피라미드가 있는데 태양의 신전 위에서
바라보는 풍경에 잠시 넋을 잃고 지그시 눈을 감으면 묘한 기분에 휩
싸이게 된다.
거대한 땅덩어리 멕시코에서는 마야 문명과 아즈텍 문명을 모두 느낄
수 있다.

001

고래상어Whale Shark는 고래는 아니지만 고래만큼 큰 상어다. 보통 12미터 정도의 거대한 덩치를 갖고 있지만 온순한 탓에 사람을 공격하지는 않는다. 주로 플랑크톤이나 작은 갑각류를 먹고 살기 때문에 다가서기 쉬운 녀석이다. 내가 칸쿤에 온 가장 큰 이유는 바로 고래상어를 만나기 위해서다. 먹이를 찾아 6월부터 9월까지 칸쿤이 있는 카리브해에서 머문다는 정보를 입수하고 이곳까지 온 것이다.

이른 아침 숙소로 찾아온 여행사 직원을 따라 선착장으로 갔다. 10명 정도의 사람들이 한배에 올라 오늘의 팀을 이루었다. 뜨거운 태양 아래 작고 빠른 배는 파도를 타고 열심히 먼 바다로 나갔다. 카리브해를 누비며 1시간 정도를 고래상어를 찾아 나서다 보니 많은 배들이 모여 있는 장면이 시야에 들어왔다. 잠시 후 보트 사이로 크고 검은 생명체가 유연하게 파도를 가르는 것이 보였다. 고래상어였다!

카리브해의 짙푸른 바다 마을엔 고래상어가 동네 멍멍이처럼 널려 있었다. 많아도 정말 많았다. 여기에도 저기에도 플랑크톤을 먹기 위해 입을 크게 벌리고 바닷물을 폭풍 흡입하는 고래상어가 있었다. 신기하고도 어이없는 순간에 행복한 웃음이 터져 나왔다.

진짜는 이제부터였다. 드디어 고래상어와 스노클링을 하는 순간이 다가온 것이다. 장비를 착용하고 배 난간에 앉아 심호흡을 했다. 정말 가까이서 고래상어와 함께 수영을 하는 건가? 구명조끼를 입고 있어서 몸은 바다 위에 둥둥 떴다. 그때였다. 배 위에서 선장이 한쪽을 가리켰다. 고래상어가 입을 벌리고 이쪽으로 오고 있었다. 우와! 머리를 물속에 담그고 고래상어가 오기를 기다리다가 모두 그쪽으로 조금씩 나갔다. 고래상어는 큰 몸을 유연하게 움직이면서 다가오고 있었다. 믿기지 않는 장면이었다. 하얀 점이 예쁘게 박힌 고래상어가 방금 눈앞으로 지나간 거였다. 여행도 오래 하고 볼 일이었다. 이런 꿈같은 장면 속에 내가 있다니….

눈을 돌려 보니 아까보다 훨씬 큰 고래상어가 이쪽으로 오고 있었다. 고래상어를 향해 조금 더 다가섰다. 손을 뻗으며 닿을 듯 말 듯한 상황이 이어지다가 손을 쭉 내미는 순간, 고래상어는 유연하게 방향을 틀어 조금씩 멀어지고 말았다. 꼬리지느러미가 부드럽게 좌우로 움직이면서 거대한 몸집이 눈앞에서 작아지고 있었다. 순간 소름이 끼치면서 몸에 전율이 느껴졌다. 배 위에 올라와서도 한동안 고래상어의 환상적인 뒤태만 생각났다. 대자연 속에서 거대한 생명체와 교감하는 것은 아주 특별한 경험이었고 잊지 못할 사건이었다. 세계일주를 하면서 인상적이고 특별한 순간이 몇 번 있었는데 오늘 역시 그중 한 페이지를 멋지게 장식할 것만 같았다.

눈앞에서 만나는 거대한 생명체의 존재감은 감동 그 자체였다

마야 문명의 상징인 치첸이트사는 세계 7대 불가사의 중 한 곳이다

002

까를로스! 미안하다~

까를로스는 멕시코시티에 사는 친구다. 우리는 지난 겨울 스페인 마드리드의 한 호스텔에서 만났다. 멕시코 여행할 때 만나러 간다고 하니 꼭 오라고 즐겁게 이야기하던 까를로스였다. 칸쿤에 머물면서부터 연락을 주고받다가 드디어 오늘 만나기로 했다.

"오끼~"

"까를로스~"

우린 횡단보도 한가운데서 7개월 만에 재회했다. 여전히 착한 얼굴에 좀 더 귀여워진 것 같은 까를로스를 보니 정말 반가웠다. 까를로스의 빨간 차를 타고 1시간 정도를 달려 아즈텍 문명의 흔적이 고스란히 남아 있는 테오티우아칸으로 향했다. 차 안에서 지금까지 서로 어떻게 지냈고, 또 무얼 했는지 이런저런 이야기를 나누었다. 가는 동안 틈틈이 아즈텍 문명과 멕시코시티에 대한 다양한 이야기를 들려주었다. 주차장에 도착하니 이미 오후 3시를 넘어서고 있었다. 아까 샀던 치킨 몇 조각으로 급하게 늦은 점심을 때우고 밖으로 나섰다.

눈앞에는 거대한 태양의 신전이 펼쳐져 있었다. 정상에는 많은 사람들이 태양의 기운을 받으려고 모여 있었다. 까를로스는 일단 달의 신전부터 가보자고 했다. 죽은 자들의 길을 걸어서 저 멀리 달의 신전까지 걸어갔다. 가파른 계단을 걸어 올라가 보니 기가 막힌 풍경이 펼쳐져 있었다. 저 멀리 태양의 신전이 우뚝 서 있었고, 그 옆으로는 죽은 자의 길이 시원하게 펼쳐져 있었다. 테오티우아칸의 피라미드 주변은 마을과 숲이 어우러져 아름다운 풍경을 만들어냈다. 푸른 하늘과 하얀 구름은 어찌나 멋지게 떠 있던지 신전을 더욱 빛나게 해주었다.

까를로스와 사진을 서로 찍어준 후 아메리카대륙에서 가장 거대한 피라미드인 태양의 신전으로 향했다. 까를로스는 테오티우아칸의 피라미드 안에는 무덤이 없다고 했다. 단순히 하늘에 제사를 지내는 용도로 만들어진 거대한 제단이라고 보면 된다고 했다. 까를로스는 꽤 괜찮은 가이드(?)였다. 태양의 신전의 정상에 올라 다시금 시원하게 펼쳐진 풍경에 빠져들었다. 멀리서는 먹구름이 몰려오고 있었고, 그보다 먼저 상쾌한 바람이 불고 있었다. 분위기가 신비로우면서도 운치 있는 그런 상황이었다.

다시 주차장으로 가서 까를로스의 차에 올랐다. 유적지를 벗어나는 길에 식당들이 있었는데 아까부터 까를로스는 멕시코 스타일의 맥주를 맛보지 않겠냐고 물어보았다. '미첼라다'라고 하는 술인데 양념 맥주라고 보면 된다. 큰 컵에 라임을 쫙 짠 다음 고춧가루같은 매운 양념을 넣는다. 마지막으로 그 안에 맥주를 콸콸콸 넣으면 미첼라다가 된다. 듣기만 했는데도 영 당기지가 않았다. 미첼라다를 파는 노점에 가서 만드는 방법을 보니 신기하기도 하고 새롭기도 했다. 1리터 컵을 하나씩 들고 차에 탔다. 일단 맛을 보니 뭔가 애매했다. 절반 정도 마시고 나서는 도저히 들어가질 않아 손에 든

채로 좀 쉬고 있었다.

　그런데 한 30분 정도 갔을 무렵부터 얼굴이 확 달아오르면서 술이 올라왔다. 대낮에 그것도 온갖 양념이 들어가 있는 신세계 맥주를 마셨더니 몸이 거부 반응을 보이기 시작했다. 게다가 차는 흔들흔들 멕시코시티를 향해 달려가고 있었고 조짐이 좋지 않았다. 분명 평소 주량의 1/3도 안 마셨는데 속이 울렁거렸다. 한 10분 정도만 더 가면 목적지인 센트로였지만 울렁거림은 끝나기는커녕 점점 더 심해졌다. 머리는 지끈거렸고, 달아오른 얼굴은 쉽게 식지 않았다. 이거 왠지 불안한데… 속은 점점 더 심하게 요동쳤고, 순간 무서운 몸의 변화를 느꼈다.

까를로스와 함께 찾아간 아즈텍 문명의 꽃 테오티우아칸

가뭄에 우물이 터지듯, 밟고 있던 호스를 놓았을 때 물이 터지듯 배 속에 있던 양념 가득한 맥주가 위를 박차고 식도를 역류해 입으로 밀려오려는 순간, 까를로스는 상황을 직감하고 자신의 맥주 컵을 건넸다. 그 순간 입에서는 이구아수 폭포수가 쏟아져 내리듯 무언가가 터져 나왔다. 우웩!

난 결국 해내고 말았다. 7개월 만에 만난 까를로스 차 안에서 큰일을 내고 만 것이다. 오바이트를 하다니… 당황스럽고 민망했으며 어이없었고 미안했다. 머리는 지끈거렸고 속은 쓰렸으며 마음은 복잡했다.

"까를로스 정말 미안해!"

"아니야. 너한테 미첼라다를 권한 내가 더 미안해!"

우리는 그렇게 계속 미안하다는 말을 주고받았다. 원래 계획은 저렴하고 맛있는 씨푸드 레스토랑에서 맛있는 저녁을 먹으려고 했지만 난 결국 숙소로 돌아가야만 했다. 착한 까를로스는 숙소 근처까지 태워주고 다시금 착한 미소를 던지고 조금씩 거리로 사라졌다. 숙소에 돌아와 침대에 눕자 허탈한 웃음이 났다. 정말 무난하게 하루가 가나 싶었는데 이렇게 또 원치 않는 특별한 하루가 되고 말았다. 누워서 살살 배를 쓰다듬자 잠이 쏟아졌다. 자고 나도 잊히진 않겠지만 그래도 이 기억만큼은 지워졌으면 좋겠다. 나의 친구 까를로스! 정말 미안하다~

미국

UNITED
STATES OF
AMERICA

미국 여행 연관검색어

미국 여행을 생각하면 떠오르는 연관검색어가 참 많다.

LA, 샌프란시스코, 라스베가스, 시애틀, 할리우드, 메이저리그, 그랜드캐년, 디즈니랜드, 유니버설스튜디오, 금문교, 요세미티국립공원.

미국 서부지역만 해도 이렇게 많은 여행 콘텐츠가 있다.

뉴욕, 워싱턴, 보스턴, 타임스퀘어, 브로드웨이, 센트럴파크, 백악관, 나이아가라 등 미국 동부지역도 엄청나다. 넓은 땅에 볼 것도 할 것도 많은 나라가 바로 미국이다.

미국은 여행자를 끌어당기는 자석의 S극이 되고, 우리는 N극이 되어 그저 끌려가는 대로 발걸음을 맡겨도 좋은 여행지다.

'할리우드'

미국 영화 하면 역시나 빼놓을 수 없는 이름이다. 어렸을 적에 재밌게 보고 인상적이었던 작품은 할리우드 영화가 대부분이었다. 〈나 홀로 집에〉, 〈빽투더 퓨처〉, 〈인디아나 존스〉 같은 영화시리즈는 몇 번을 봤는지 모를 정도로 좋아했다. 학창 시절에는 영화에 푹 빠져서 지냈다. 친구들을 꼬드겨서 동시 상영 극장에도 다녔고, 영화 포스터나 잡지를 모으는 데 재미를 붙여 다락방은 온통 영화 세상이었다. 〈쇼생크 탈출〉, 〈브레이브 하트〉, 〈쉰들러 리스트〉까지 나만의 명작을 VHS테이프로 부지런히 모았다. 지금처럼 OTT 서비스를 통해 쉽게 영화를 접할 수 있는 시대가 올 줄은 생각지도 못했다.

영화를 좋아하는 사람으로서 미국까지 와서 할리우드를 놓칠 수는 없었다. 버스를 타고 막상 그곳에 찾아가 보니 규모가 엄청나게 큰 곳은 아니었고, 곳곳에서 할리우드 영화의 흔적을 다양하게 느낄 수 있는 거리였다.

할리우드 거리에서 처음 만나게 되는 것은 유명한 사람들의 이름이 박힌 별판이었다. 인도 바닥에 별판이 있었고, 유명한 가수나 영화 산업에 공헌한 감독과 제작자의 이름도 새겨져 있었다. 하지만 역시나 인기 만점은 영화배우의 별판과 핸드프린팅이었다. 길바닥을 매의 눈으로 살피며 내가 좋아하는 스타들을 찾아보았다. 특히 차이니즈씨어터 앞에는 많은 스타들의 핸드프린팅이 있었는데 톰 행크스나 톰 크루즈, 레오나르도 디카프리오 같은 좋아하는 배우들의 흔적 앞에 인증샷을 찍는 것은 아주 행복한 일이었다.

한바탕 신나게 돌아보고 기념품 가게까지 보니 어느덧 할리우드를 다 보고 말았다. 예상보다는 오래 머물렀다. 아마도 영화에 대한 추억에 빠지고, 감상에 젖고 해서 그런 것일 테다. 이름이 만들어낸 이미지가 더욱 강한 이곳은 영화를 좋아하는 사람이라면 꼭 한번은 와볼 만한 그런 곳이었다.

할리우드 거리에서 추억을 담는 사람들

002 라스베가스에는 갔지만 카지노에 간 것은 아니다

8월의 사막에서 불어오는 바람은 건조하고 뜨거웠다. 배낭여행자와 라스베가스는 썩 잘 어울리지는 않았다. 라스베가스의 중심 거리를 거닐다 보면 영화 속에서 자주 등장하는 곳에 와 있다는 것을 실감할 수 있다. 그리고 낮보다는 밤이 더욱 화려하게 빛난다는 사실을 곧 확인할 수 있다. 에어컨의 냉기가 가득한 건물 안에서 카지노를 즐기던 사람들은 라스베가스의 밤의 열기를 즐기기 위해 거리로 쏟아져 나온다. 호텔에서 열리는 다양한 쇼를 보면서 웃고 떠들며 황홀한 시간을 보낸다.

냉기와 열기가 가득한 라스베가스의 한 여행자는 이곳에 온전히 빠져들지 못한 채 이질감을 느끼며 거리를 서성이고 있었다. 그저 이 순간을 누군가와 함께했으면 좋겠다는 막연한 그리움에 요란하게 빛나는 조명들을 바라볼 뿐이었다. 이런 감정을 다스리는 가장 좋은 방법은 대자연의 아름다움에 빠져드는 것이다.

라스베가스의 밤은 화려한 조명으로 빛난다

지구의 역사를 느낄 수 있는 그랜드캐년 파노라마

사실 라스베가스에 온 가장 큰 이유는 그랜드캐년에 갈 수 있는 좋은 장소가 바로 이곳이기 때문이다. 20억 년 지구의 역사를 간직한 그랜드캐년은 압도적인 스케일로 사람을 사로잡는다. 광활하게 펼쳐진 붉은 협곡은 영상이나 사진으로 보는 것과는 비교할 수 없을 정도로 강렬한 인상을 주었다.

많은 여행자들이 찾는 사우스림에 도착해 뜨거운 햇살을 피해 거닐다 보면 다시 한번 자연의 위대함에 감탄을 하게 된다. 다행히 간밤에 라스베가스에서 느꼈던 공허함을 그랜드캐년이 주는 감동으로 채울 수 있었다. 여행자마다 여행 스타일이 다르고 비중을 두는 포인트도 다르다. 나는 화려한 도시보다 아름다운 대자연의 품에 있을 때 가장 즐겁고 행복한 여행자다.

캐나다

CANADA

여행의 종착점

아무리 긴 여행이라도 언젠가는 끝을 맞이하게 된다. 종착점까지 무
사히 갈 수만 있다면 그것으로 그 여정은 성공했다고 볼 수 있다. 그
동안 담아온 이야기의 색깔과 상관없이 그저 다양한 색깔이 어우러진
것만으로도 충분히 아름답다.

그 종착점은 이제 다시 시작점이 된다. 또 다른 여행 그리고 앞으로의
새로운 인생을 위한 발걸음이 다시 시작되는 것이다. 삶은 계속된다.
여행은 이어진다. 우리의 인생은 열려 있고 종착점까지 가기에는 아
직 시간이 많으니까.

　마지막이라는 단어는 항상 묘한 기분이 들게 한다. 어느덧 세계 일주의 마지막 나라인 캐나다까지 왔다. 태평양을 마주하는 관문 도시 밴쿠버가 내가 머물다가 떠날 마지막 도시인 셈이었다.

　밴쿠버의 8월은 여름이라고 하기엔 덥지 않았고, 가끔씩 기분 좋을 정도의 선선한 바람만 불고 있었다. 상쾌한 공기를 가르며 다운

밴쿠버항에 정박 중인 크루즈선

밴쿠버 화이트캡스 홈구장인 BC 플레이스 경기장

타운을 거닐었다. 배가 고프면 밥을 먹었고, 배가 부르다 싶으면 다시 걸음을 옮겼다. 다리가 아프면 근처 공원에 가서 벤치에 엉덩이를 걸치고 앉아 눈을 감았다. 벤치에 등을 기대고 고개를 젖혀 하늘을 바라보았다. 밴쿠버에는 여유가 흐르고 있었다. 이곳의 시계는 똑같이 돌아가지만 그 시간의 속도는 조금은 천천히 흘러가는 것 같았다. 몇 시간이고 앉아 음악에, 생각에, 풍경에, 이 편안함에 빠져들고만 싶은 그런 오후였다. 가볍게 둘러보는 밴쿠버는 사람의 마음을 풀어지게 하는 매력이 있었다.

그리고 또 하나의 매력이 기다리고 있었는데 바로 축구 경기 관람이었다. 밴쿠버 화이트캡스는 이곳을 연고로 하는 축구팀이다. 오늘은 미국의 명문팀 LA갤럭시와의 경기가 있는 날이었다. 경기장에 가 보니 시설도 좋고, 사람들도 많았다. 유명한 선수가 있는 것도 아니었고, 유럽만큼의 인기 많은 스포츠는 아니었지만 홈팬들은 열성적으로 응원했다. 그들과 함께하며 축구 경기를 즐기는 것만으로도 아주 신나는 경험이었다. 여행은 누군가의 일상으로 찾아가 함께할 때 또 하나의 특별한 추억을 만들어준다. 그래서 이 시간이 더욱 소중하게 느껴졌다.

로키산맥에서 세계일주를 마무리하다

세계일주의 여정을 이어오다 보니 히말라야산맥을 오르고 안데 스산맥을 거쳐 로키산맥까지 세계 3대 산맥을 모두 밟아보게 됐다. 원래는 혼자서 버스를 타고 로키산맥을 볼 수 있는 여러 방법을 찾 아보았으나 여의찮아 패키지투어를 선택했다.

집결지였던 캐나다 플레이스에 가보니 혼자 온 사람은 딱 남자 3 명뿐이었다. 거의 다 가족이었고, 한국에서 온 사람들이 대부분이 었다. 버스는 40명 가까이 되는 사람들을 태우고 로키산맥을 향해 달리기 시작했다.

뒤쪽에 자리를 잡고 풍경에 눈을 맡기고 그렇게 잠이 들었다가 다시 눈을 떴다가를 반복했다. 몇 번을 타고 내리면서 다른 사람들 을 슬쩍 보기도 하고 어떤 사람들일까 궁금해하면서 계속 갔다. 이 공간은 아직까지는 어색함이 가득했다. 멋진 배경은 차창으로 그림 처럼 스쳐 지나갔고, 우리의 시간은 쉼 없이 흘러갔다.

어느덧 해는 조금씩 낮져졌고, 숙소에 도착할 시간이 다가올 즈 음 가이드 아저씨가 마이크를 들더니 자기소개 시간을 진행했다. 이런 걸 해 본 게 얼마 만일까? 까마득히 먼 추억의 조각에서 찾아 보려 해도 쉽게 떠오르질 않았다. 생각보다 빨리 내 순서가 찾아왔 다. 앞으로 나가 마이크를 집어 들었다.

"아아! 반갑습니다. 저는 세계일주 여행자 오기범입니다. 1년 정도 세상을 돌아보고 이제 마지막 나라인 캐나다에 왔습니다. 로키 산맥이 기대가 되고요. 여기 오신 분들 모두 좋은 추억 안고 돌아가 시길 바랍니다."

자기소개의 위력이었을까. 낯선 이들의 소개가 이어질수록 서로 에 대한 소통의 실마리가 풀리기 시작했다. 약간의 경계심이 와르 르 무너지며 관심으로 바뀌기 시작한 분위기가 차 안을 지배했다. 모두 각자의 사연과 각자의 로망을 품고 한 버스에 타고 있었다.

하와이에서 오신 여행을 좋아하시는 나이 지긋한 어르신

대만 여자 친구를 데려온 키가 큰 밴쿠버 유학생

토론토에서 온 예쁘고 잘생긴 유학생 커플

이민을 하기 위해 한국을 떠나왔다는 6년 차 직장인

유명한 글로벌 가수와 함께 공연한다는 동안의 뮤지션

친구처럼 사이좋아 보이는 예쁜 엄마와 딸

10여 명의 대가족을 이끌고 오신 인자한 미소의 할아버지

홀로 세계일주를 떠나 마지막 점을 찍기 위해 온 여행자

'행복'

과연 우리는 이 말을 어떻게 받아들이고 살아가고 있을까? 세계 일주를 하는 내내 스스로에게 던진 질문이었다. 내가 아끼고 사랑 하는 사람들과 함께 여행을 하는 것이 행복이 아닐까. 같이 아름다 운 풍경을 바라보고, 함께 맛있는 음식을 먹으며, 그것을 따뜻한 말

로 다시 나누는 것이야말로 진정한 행복이 아닐까. 로키산맥으로 가는 버스 안에서 여행 초반에 던졌던 질문에 대한 답을 다시 한번 생각해보았다.

새로운 아침이 밝았고, 캐나다 버킷리스트를 실행할 순간이 왔다.

'캐나다 로키산맥의 레이크루이스에서 지나온 여정 돌아보기'

숙소를 떠난 버스는 몇 시간을 돌아서 레이크루이스에 도착했다. 버스에서 내려 주차장을 벗어나니 벌써 호수가 보이는 것 같았다. 드디어 내가 여기까지 왔구나. 감회가 새로웠다. 유키 구라모토의 음악으로도 유명한 레이크루이스에 서서 눈앞에 펼쳐진 아름다운 풍경을 한참이나 바라보았다.

긴 시간 여행을 하며 멋진 풍경을 많이도 봤다. 그래서 이곳의 풍경이 압도할 정도로 인상적이지 않을 수도 있다. 하지만 레이크루이스는 의미 부여가 필요한 곳이었다. 31개국을 거쳐 이곳까지 무사히 온 것이니 말이다. 한참을 감상에 젖어 호수를 거닐고 있는데 탑승을 알리는 손짓이 보였다. 눈부시게 아름다운 대자연을 짧게 보고 돌아서야 하는 아쉬움이 큰 만큼 언젠가 꼭 다시 와서 여유롭게 머물다 가야겠다는 마음도 커졌다. 훗날 그 시간이 온다면 밴프마을에 한 달 정도 살면서 로키산맥의 아름다움을 느긋하게 즐길 것이다. 그리고 꼭 사랑하는 사람과 함께 와서 평화로운 정경과 행복한 시간을 함께 느끼고 함께 이야기하고 싶다.

로키산맥 여행이 마무리되면서 1년간의 세계일주도 끝이 보였다. 정말 내가 이렇게 긴 시간을 여행만 하면서 지낸 건가? 잠시 눈

까마귀 발톱 모양을 한 페이토호수

밴프마을을 안아 흐르는 보우강

을 감고 지나간 시간을 떠올려보았다. 어렵게 떠나온 나의 세계일
주는 1년 전 인도에서 시작해 중동을 거쳐 유럽을 훑고 아프리카를
돌고 남미에서부터 북쪽으로 이동해 여기까지 왔다.

까마득한 기억처럼 추억의 장면들이 아스라이 스쳐 갔다. 여행
은 절대적인 시간의 양을 쪼개서 그 안에 수많은 경험과 이야기를
복잡하게 담다 보니 상대적으로 훨씬 더 길게 느껴지는 것인지도
모르겠다.

이제 나의 세상을 향한 발걸음은 어디로 향하게 될까? 어떤 그림
이 펼쳐질지 알 수 없으니 그 길을 열심히 가봐야겠다. 나를 이끄는
바람을 따라서 걷고 또 걷다 보면 새로운 세상을 만나게 되지 않을
까. 뭔가 잘될 것만 같은 행복한 상상을 하니 자꾸만 웃음이 난다.

세계일주의 마지막 여행지 밴쿠버에서

001   **여행 후유증, 여행자와 일상인 사이**

긴 여행을 하고 나면 후유증이 찾아옵니다. 시차에 따른 피로감이나 여행지에 대한 여운 때문이죠. 하지만 진짜 후유증은 여행자에서 일상인으로 돌아가는 과정에서 나타납니다. 세계일주 같은 장기 여행의 경우 한국에서 하던 일을 정리하고 간 경우가 많습니다. 그렇게 한국으로 돌아오고 나면 붕 떠서 지내는 묘한 상태를 경험하게 됩니다. 여행 후유증이 시작된 것입니다.

저 역시 마찬가지였습니다. 1년간 여행을 떠났다가 돌아온 것이지만 여행 준비 기간까지 포함한다면 일상인으로서 지냈던 시간은 그보다 훨씬 더 오래전의 일이었으니까요. 여행을 하는 동안 많은 생각을 하곤 합니다.

'내가 어떻게 살아왔을까?'

'지금 내가 왜 여행을 하고 있는 것일까?'

'앞으로는 어떻게 또 무엇을 위해 살아갈까?'

스스로에게 던지는 질문에 대해 생각하다 보면 좀 답답해집니다. 쉽게 답이 나오지 않는다는 것을 알게 되니까요. 특히 여행 막바지에 이를수록 앞으로 어떻게 살아가야 할지 고민이 많아집니다. 이런 후유증을 줄이려면 많은 것을 내려놓고 일상에 다가서는 것이 가장 좋습니다. 여행 이전의 모습으로 똑같이 돌아갈 수도 없고, 그때 가졌던 것을 다시 가질 수도 없습니다. 이제 새롭게 시작하는 것이죠. 사회생활도 인간관계도 많은 것들이 달라졌으니까요. 자꾸만 예전 것들을 생각하고 머물러 있다면 괴리감 때문에 힘들어질 수 있습니다.

오히려 다음 여행을 생각하는 것도 좋습니다. 여행의 끝에서 다시 시작을 꿈꾸는 것입니다. 언젠가 다시 떠날 수 있겠다는 생각으로 계획을 세우고 마음을 다잡으니 오히려 일상에 욕심이 생겼습니다.

'지금 열심히 살아야 언젠가 다시 떠날 수 있지 않겠어?'

단순히 먹고살기 위해 다시 일상을 사는 것이 아니라 새로운 여행을 준비하는 과정으로 삼는 겁니다. 그렇게 생각하니 마음이 좀 편해지고, 다시 심장이 뜁니다. 여행 후유증은 또 다른 여행을 꿈꾸고, 그 꿈을 이루기 위해 일상인으로 열심히 살면서 극복할 수 있습니다.

제가 결론 내린 삶의 방향은 일상인과 여행자의 모습을 다 가져가는 것입니다. 세상을 향한 발걸음, 사람을 향한 발걸음, 꿈을 향한 발걸음을 생각하며 그저 묵묵히 가고자 하는 방향으로 계속 걷고 또 걷는 것이죠. 그 발걸음이 가벼울 때도, 무거울 때도 있을 겁니다. 걸어가는 곳이 원하는 방향이고, 그 길에서 행복을 느낄 수 있다면 그걸로 된 것입니다.

우리는 스스로 계획한 인생을 즐겁고 행복하게 살아갈 수 있는 능력자입니다. 잊고 있던, 감추고 있던 그 능력을 꺼내 일상에서 힘을 내서 한 걸음씩 나갔으면 좋겠습니다.

002 100명의 사람이 있다면 행복의 기준은 100개여야만 한다

세계일주를 떠나기 전부터 행복에 대해 많은 생각을 했습니다. 여행을 하는 중에도, 여행을 마치고 돌아와서도 행복에 대한 생각은 이어졌습니다.

'과연 행복이란 무엇일까?'

'어떻게 사는 것이 행복한 삶일까?'

'행복을 정하는 기준이 있을까?'

우리가 살아가는 사회는 보이진 않지만 나름 행복의 기준이 정해져 있습니다. 어느 수준에 다다르지 않으면, 적정 시기를 맞추지 않으면 실패한 것처럼 비치기도 합니다. 넌 행복하지 않을 거야! 우리의 기준을 충족하지 못했잖아? 이렇게 직업이나 자산 같은 여러 사회적 기준을 바탕으로 우리를 공격합니다.

1차 공격이 끝났습니다. 좀 아픕니다. 살짝 힘듭니다. 하지만 나름대로 인생을 살며 쌓아온 내공을 바탕으로 일단 튕겨냅니다. 그런데 좀 정신을 차리려고 하니 이번에는 주변 사람들의 공격이 들어옵니다. 비교라는 날카로운 무기를 장착하고 2차 공격이 시작됩니다.

"누구는 어디에 들어갔다던데."

"누구는 얼마 번다는데."

자꾸만 비교를 합니다. 그 기준이 어디에 있는지는 모르겠습니다. 우리를 생각해서 하는 말이라고 포장한 채 공격을 이어갑니다. 못 들은 척하려고 해도 사람의 마음인지라 조금씩 흔들리고 다시 아픕니다. 또 힘이 듭니다.

이제 마지막 가장 강력한 적이 기다리고 있네요. 바로 우리 자신입니다. 여기에서 스스로를 공격하면 정말 게임오버입니다. 더 이상 희망이 없습니다.

'나 좀 별로인가?'
'나 실패한 거야?'

잠깐, 거기까지! 3차 공격이 가장 무섭습니다. 더 이상 자신을 공격하지 마세요. 이미 사회와 사람들의 공격으로 아프고 힘든 마음입니다. 자책은 금물입니다. 최소한 나는 나를 지켜주어야 하지 않을까요? 무조건 못 들은 체하라는 것이 아닙니다. 무조건 자신을 합리화하라는 것도 아닙니다. 한번 생각해보는 겁니다.

그들이 공격하는 그 논리가 어디에서 나온 것인지. 과연 그들이 말하는 행복이라는 것은 정말 내가 생각하는 것과 맞는 것인지. 그저 사회가 정해 놓은 대로, 남들이 바라는 대로 따라만 가는 것이 정말 옳은 것인지 말이죠. 그렇게 생각할 시간을 가져보는 겁니다. 그때 필요한 질문은 바로 이겁니다.

'나는 지금 행복한가?'
'내가 생각하는 행복이란 무엇인가?'
'나만의 행복의 기준을 세웠던 적이 있었나?'

남들이 말하는 행복이 아니라 내가 생각하는 행복의 기준을 세워야만 합니다. 내 이름 석 자를 걸고 살아가는 자기의 인생이니까요. 100명의 사람이 있다면 행복의 기준은 100개여야 합니다. 사람마다 생각하고 추구하는 행복은 다를 수 있습니다.

괜찮은 영화나 드라마를 보면 미소가 피어나면서 행복합니다.
무심코 어디선가 좋아하는 음악이 흘러나올 때 행복합니다.
멋진 풍경을 담아 누군가에게 보여줄 생각을 하면 행복합니다.
내 말에 귀를 기울이는 사람들의 눈을 보면 행복합니다.
내가 누군가에게 도움이 된다고 생각했을 때 행복합니다.
맛있는 음식을 만들어 누군가와 함께 먹을 때 행복합니다.
카페에서 커피 한 잔을 마시며 느끼는 여유로움에 행복합니다.
고향에 가서 개를 붙잡고 말을 걸고 놀다 보면 아무 생각 없이 그저 행복합니다.

가족의 행복, 친구의 행복, 주변 사람들의 행복 모두 중요합니다. 하지만 가장 중요한 것은 바로 나 자신의 행복입니다. 행복해지기 위해서는 내가 행복했을 때를 이것저것 떠올려봐야 합니다. 행복의 기준을 세우는 바탕은 바로 거기에서 나옵니다. 나만의 기준이 확실하게 서 있다면 어떠한 공격에도 버틸 수 있습니다. 흔들릴지언정 부러지지 않습니다. 다시 중심을 잡을 수 있습니다. 주저앉을지언정 무너지지 않습니다. 다시 일어설 수 있습니다.

자존감을 높이는 것은 행복의 기준을 지속하는 데 아주 중요한 역할을 합니다. 자존감을 높이는 좋은 방법은 칭찬을 많이 받는 것이죠. 그런데 칭찬을 외부에서 받는 거라고만 생각하면 충분하지 않습니다. 밖에서 오는 칭찬은 시간 차가 있습니다. 원할 때 안 해주거든요. 밖에서 오는 칭찬은 온도 차가 있습니다. 원하는 만큼 안 해주거든요. 칭찬은 내가 나한테 해주는 겁니다. 지금 바로 오른손을 살짝 들어 왼쪽 어깨를 토닥여주세요. 내가 애쓴 걸 제일 잘 아는 사람은 바로 자기 자신입니다. 남들은 잘 모릅니다. 애썼다. 애썼어! 일단 내가 먼저 나에게 칭찬을 해주는 거죠. 그러고 나서 나중에 밖에서 칭찬이 온다면 기쁘게 덤으로 또 받아주면 됩니다.

'10년 뒤에 무엇을 해야 행복할까?'
'20년 뒤에 무엇을 해야 행복할까?'

여행 중에 가끔 이런 생각을 했습니다. 그럴 때마다 신기하게도 뭘 하든 행복할 자신이 있었습니다. 행복의 기준이 확실하다 보니 그 연장선상에서 모든 것이 집중되었습니다. 매일 웃을 수는 없습니다. 매 순간 행복하다고 느끼기도 어렵습니다. 하지만 행복의 기준이 있다면 방향을 잡을 수 있습니다. 조금 멀어졌다가도 다시 돌아와 행복한 삶을 살아가고자 하는 의지를 다질 수 있습니다.

행복은 굉장히 다양한 모습과 색깔로 우리 삶 속에 있습니다. 여유가 없어서, 잊고 살아서 정말 잊힌 듯 보입니다. 하지만 잠시만 거리를 두고 생각해보면 행복할 일이 꽤 많습니다. 그것을 애써 외면하거나 멀리 있다고 생각하면 정말 멀어집니다. 일상에 치여 있다 보면 생각할 시간도, 돌아볼 시간도 없어 행복이 묻히고 맙니다. 그래서 일상에서 벗어나 잠시 거리를 두고 쉬어가기 위해 여행을 떠나는 겁니다. 행복해지기 위해서는 내가 나한테 잘해야 합니다. 스스로에게 줄 수 있는 가장 좋은 선물은 바로 여행입니다. 한 번뿐인 인생이기에 우리 모두 행복한 삶을 만들어갔으면 좋겠습니다. 정말 그랬으면 좋겠습니다.

003　　　　　　　　　**여행작가와 강연자로 제2의 삶을 살다**

　　학교에서 아이들을 가르칠 때만 해도 내가 세계일주를 할 수 있을 거라고는 상상하지 못했습니다. 그리고 세상을 돌며 여행을 할 때는 세계일주를 주제로 강연을 할 거라고는 전혀 생각지 못했습니다. 그런데 전남대학교에서 처음으로 강연 제의를 해왔고 설레는 마음으로 대학생들을 상대로 첫 강연을 했습니다. 세계일주가 끝나고 일상으로 돌아와 개인적으로 사람들을 만나 여행에 대한 이야기를 한 적은 많았지만 공식적인 자리에서 많은 사람들에게 강연을 하는 것은 또 다른 느낌이었습니다. 여행에서 담아온 에너지를 사진과 이야기로 나눈다는 것은 굉장히 특별한 경험이었습니다. 반짝 반짝 빛나는 눈을 통해 전해지는 여행에 대한 갈망과 로망이 느껴졌습니다.

한 번의 이벤트로 끝날 줄 알았는데 이어서 광주여자고등학교와 화순고등학교에서도 학생들에게 세계일주 이야기를 들려줬으면 좋겠다며 강연 제의를 해왔습니다. 그렇게 시작된 강연자로서의 발걸음은 지금도 이어지고 있습니다. 전국에 있는 학교와 연수원 도서관과 각종 기관까지 450회 이상의 강연을 통해서 사람들과 만나고 계속해서 여행과 행복에 대한 이야기를 나누고 있습니다. 인생은 정말 알 수가 없습니다. 일상인에서 여행자로 다시 강연자로 그리고 이 책 덕분에 여행작가라는 타이틀도 얻게 됐습니다.

영화 〈캐스트 어웨이〉에는 이런 대사가 나옵니다. 무인도에서 탈출한 주인공 톰 행크스가 한 말이죠.

"계속 살아가겠어. 내일은 내일의 태양이 떠오르니까. 파도가 무엇을 가져다줄지 누가 알겠어?" 저 역시 앞으로 어떤 인생이 펼쳐질지 알 수 없으니까 계속해서 열심히 그리고 즐겁게 살아가 볼 생각입니다. 정말로 어떤 일이 생길지 알 수 없으니까 기대감을 안고 새로운 세상을 향한 발걸음을 계속 이어가고 싶습니다.

축구를 좋아하는 저는 인생을 축구 경기처럼 생각합니다. 태어나서 마흔까지는 전반전, 마흔부터 여든까지는 후반전, 조금 더 살게 된다면 연장전이라 생각합니다. 전반전에는 세 가지 꿈을 꾸며 살았습니다. 첫 번째는 아이들을 가르치는 선생님이 되는 것이었고, 두 번째는 넓은 세상을 여행하는 세계일주를 하는 것이었습니다. 마지막 세 번째는 제 이름으로 책을 한 권 내는 것입니다. 운이 좋게도 저는 전반전의 꿈을 모두 이뤘습니다.

그럼 이제 다 끝난 걸까요? 아직 후반전이 남아 있습니다. 그래서 후반전에 이루고 싶은 꿈 세 가지를 다시 생각해봤습니다. 첫 번째는 미래를 함께할 사랑하는 사람을 찾는 것입니다. 왜냐하면 후반전의 두 번째 꿈이 사랑하는 사람과 다시 한번 세계일주를 떠나는 것이기 때문입니다. 후반전의 마지막 꿈은 세계일주를 마치고 돌아와서 소소하게 행복하게 살아가는 것입니다.

다행스럽게도 후반전의 첫 번째 꿈은 마흔 살이 되던 해에 이뤘습니다. 세계일주를 다녀와서 특별하고 소중한 사람을 만나 사랑하게 됐고, 결혼까지 이어졌습니다. 남은 두 가지의 꿈을 다 이룰 수 있을지는 아무도 모릅니다. 하지만 꿈이 있으니 목표가 생기고 일상에서 더 열심히 살게 됩니다. 방향을 알고 있으니 불안하지도 않습니다. 다른 방식과 기준으로 판단할 수도 없습니다. 제가 가고 싶은 길은 저의 행복의 기준으로 봤을 때 가장 이상적이고 멋진 인생이기 때문입니다.

성공의 기준을 '행복하게 살고 있는가'로 판단한다면 저는 성공한 인생을 살고 있습니다. 지금도 행복하고 앞으로도 행복할 자신이 있기 때문입니다. 데스로드 사고 이후 두 번째 삶을 산다고 생각하고 있기 때문에 가끔 살아있다는 것 그 자체만으로도 굉장히 감사하고 또 행복합니다. 그래서 다시 후반전의 남은 꿈을 위해서 열심히 달려갈 것입니다. 저는 이 글을 읽고 있는 당신의 꿈을 진심으로 응원하고 지지합니다. 그 어떤 누구의 기준도 아닌 스스로의 행복의 기준을 바탕으로 행복한 삶을 위해서 함께 나갔으면 좋겠습니다.

005   **꿈을 이루게 해준 사람들에게 전하는 메시지**

저의 세계일주는 혼자만의 여행이 아니었습니다. 수많은 후원자들의 지지와 응원 덕분에 무사히 1년 동안의 여정을 잘 마칠 수 있었습니다. 세계 곳곳의 땅을 밟으면서도 항상 감사의 마음을 잊지 않았습니다. 제 꿈을 이룰 수 있도록 많은 도움을 준 후원자들에게 이 지면을 빌려 진심으로 감사하다는 말씀 전하고 싶습니다. 덕분에 새로운 세상을 볼 수 있었고, 많은 것을 느낄 수 있었으며 조금 더 성숙해지는 특별한 경험을 할 수 있었습니다. 주변에 저를 믿어주고 지지해주는 좋은 사람들이 있다는 것만으로도 인생을 정말 잘 살았다는 생각이 듭니다.

세계일주를 다녀와서도 일상인으로 다시 힘을 내서 살아갈 수 있도록 많은 사람들의 응원과 도움이 있었습니다. 그분들 덕분에 행복한 인생을 계속 이어갈 수 있었습니다. 앞으로도 여행의 에너지를 바탕으로 세상을 향한 발걸음을 계속해서 이어가도록 하겠습니다. 또한 다시 여행자가 되어 떠나는 그 날을 꿈꾸며 열심히 살아가도록 하겠습니다. 감사합니다!

꿈을 이루게 해준 사람들

강민호	김종국	박영근	오승현	이윤정	정안나
강소영	김종철	박유빈	오윤숙	이은경	정영선
강수정	김종철	박일금	오재광	이은철	정재호
고성준	김진원	박주용	오현재	이인경	정혜민
고진주	김창민	백수미	오혜민	이인중	조난희
고현수	김창진	서선열	오혜준	이정연	조봉현
곽병국	김 철	서영준	윤기태	이정인	조정호
권선민	김혜원	서정숙	윤영승	이종우	조진선
권수정	김혜정	서혜란	윤용석	이준석	조형환
김경균	김효준	서혜영	윤지량	이준호	지명수
김국형	나하나	소진희	이가예	이지혜	지영혜
김규형	남궁호	손병문	이강호	이지훈	차미란
김근재	노봉남	손선호	이건호	이진오	최귀대
김대의	노주리	심규정	이경미	이진욱	최승원
김미정	노 철	양서연	이경희	이채주	최영철
김 민	류가영	양수경	이동석	이학기	최용길
김민재	민윤경	양재진	이민정	이한정	최자원
김민현	박기용	양준영	이상기	이현기	최재석
김상우	박근아	여인경	이상현	이현우	최철호
김수진	박민호	오기상	이수경	임지혜	최희원
김신자	박병선	오기순	이수정	장경민	한경애
김연하	박상호	오기정	이수지	장성민	한미숙
김영중	박성준	오기철	이승천	장세관	함차미
김영하	박세은	오문식	이신대	장신영	홍정민
김용완	박수빈	오순금	이양순	장정현	황담희
김정길	박순한	오순이	이원경	전인기	그리고
김정웅	박승현	오순자	이유민	정아림	이성경

어쩌다 보니
지구 반대편

개정판 1쇄 발행 2023년 7월 1일
개정판 2쇄 발행 2024년 11월 1일

지은이 오기범
발행인 김정웅
편 집 김신희
발행처 포스트락
출판등록 제2017-000052호
주 소 (07370) 서울 영등포구 도림로 110길 12-3, 4층
문의 및 투고 post-rock@naver.com
제 작 재영P&B

값 19,000원
ISBN 979-11-978344-2-4 03980